カラー版 目で見てわかる

エンドミルの選び方・使い方

澤 武一 著

はじめに

　本書はフライス加工で使用される「エンドミル」に関して解説しています。「エンドミル」の種類は多種多様であるため、加工目的に適合したものを選択することが、上手なエンドミル加工を行うための必須条件です。しかし、エンドミルの特性を十分に理解し、適切に使い分けている人が少ないことも事実です。

　本書は従前発刊されていた『目で見てわかるエンドミルの選び方・使い方』をカラー化した書籍です。一般に流通している様々なエンドミルを写真で紹介し、特性・切削条件・加工メカニズムなどを図解しながらわかりやすく解説しています。したがって、本書はこれからエンドミルについて学ほうとされる初心者の方から、すでにフライス加工に従事されている中級者の方まで「そうか！　なるほど！　わかった！」と思って頂ける内容になっています。目的や用途に合わせて正しくエンドミルを選択し使用できる知識を得られると思います。本書をエンドミルの選び方・使い方の入門書（マニュアル）としてぜひ活用して頂ければ幸甚です。

2024年9月　　　　　　　　　　　　　　　　　　　　　　　澤　武一

カラー版　目で見てわかるエンドミルの選び方・使い方—目次

はじめに　　　　　　　　　　　　　　　　　　　　　　　　　　　1

第1章　エンドミルの種類と特徴

1-1	エンドミルとは？	8
1-2	エンドミルの各部の名称	11
1-3	エンドミルの構造による分類	15
1-4	刃数による分類	18
1-5	偶数刃と奇数刃	24
1-6	外周刃の形状による分類	26
1-7	底刃形状による分類（側面から見た底刃）	32
1-8	底刃形状による分類（端面から見た底刃）	38
1-9	ねじれ角による分類	42
1-10	右刃と左刃	48
1-11	右ねじれ刃と左ねじれ刃	50
1-12	不等分割エンドミル	54
1-13	不等リードエンドミル（不等ねじれ角）	56
1-14	コーナの強度向上と工具寿命	58
1-15	刃長の長さ	60
1-16	刃部の材質による分類	62
1-17	外周すくい角のポジティブとネガティブ	65
1-18	コーティングの種類	66
1-19	特殊なエンドミル	68

第2章　切削条件の決め方と考え方

2-1	切削条件とは	72
2-2	主軸回転数の決め方と切削速度の関係	73
	(1) 主軸回転数の計算例	76
	(2) 切削力と切削速度の関係	77
	(3) 切削速度と切削温度の関係	77
	(4) 切削速度と切りくず厚さの関係	79
2-3	送り速度の考え方と決め方	81
	(1) 送り速度の計算例	84
	(2)「1刃あたりの送り量」と「外周刃で切削した仕上げ面」の関係	84
	(3) 1刃あたりの送り量と工具寿命の関係	86
2-4	切込み深さの考え方と決め方	88
	(1) 切取り厚さ(「半径方向切込み深さ」と「1刃あたりの送り量」の関係)	89
	(2)「半径方向切込み深さ」と「空転時間」の関係	91
	(3) 溝切削における半径方向切込み深さ	92
	(4) 切削断面積と1分間あたりの切削体積	94
	(5) 切削動力と工作機械の所要動力	95
	(6) 超硬合金製エンドミルを使用した高速切削の考え方	97
	(7) 最適な軸方向の切込み深さ	100

第3章　知っておくべき切削特性

3-1	エンドミルに作用する切削トルクと切削抵抗	104
3-2	上向き削りと下向き削り（アップカットとダウンカット）	106
3-3	ココが違う上向き削りと下向き削り	108
	(1)工具寿命の違い	108
	(2)送り方向分力と主分力の割合による加工精度の違い	110
	(3)主分力による寸法精度の違い	112
	(4)外周刃の軌跡による理論仕上げ面粗さの違い	114
	(5)工作機械に及ぼす影響の違い	116
3-4	エンドミルの送り方向と工作物の位置	118
3-5	半径方向の切込み深さと上向き削りと下向き削りの関係	120
3-6	エンゲージ角とディスエンゲージ角	123
3-7	エンドミルのたわみ量	126
3-8	エンドミルの回転振れと仕上げ面粗さの関係	129
3-9	加工精度に影響する3つの要因（エンドミルの外径の許容差）	132
3-10	「ピックフィード」と「カスプハイト」とは？	134

ひとくちコラム

- エンドミルの仲間（フライス工具の一種）　　10
- エンドミルのブランク（中間製品）　　14
- 刃数は同じでも底刃の断面形状は違う　　41
- ねじれ角と切削特性の関係　　47
- ドリルも右刃が主流!　　48
- ルータービット　　52
- 1円玉より小さなエンドミル　　53
- 輪郭削りの様子　　60
- 真っ黒なエンドミル　　68
- コーティングされた切れ刃先端は丸い!　　70
- 破損したエンドミル　　80
- ミスト供給　　87
- 深彫り加工　　99
- コーナ部のびびり　　102
- 切削抵抗とびびりの関係　　105
- 溝削りは上向き削りと下向き削りが混合する　　106
- コレットは消耗品?!　　131
- ボデーを交換できるエンドミル　　133
- ボールエンドミルを傾けて削る!　　135

参考文献　　136

索引　　137

第1章

エンドミルの種類と特徴

1 エンドミルとは？

　図1.1に、エンドミルを示します。また、図1.2に、エンドミルを使用した各種切削加工の様子を、図1.3に、エンドミル加工の模式図を示します。エンドミルは、円柱の外周面と端面（端面は底面を示します）に切れ刃を持ち、主として、フライス盤やマシニングセンタで使用する切削工具で、図1.2に示すように、側面削り、溝削り、外周削り、倣い削り、輪郭削り、ポケット加工、穴あけ加工などに使用することができます。このため、エンドミルは生産現場で使用される頻度が非常に高い切削工具です。

> **ここがポイント！**
> エンドミルの中には、穴あけ加工に適さないものもあるので注意が必要です。これに関する詳細な解説は本章①-⑧で記載していますので参照してください。

図1.1　エンドミルの外観

(a)溝削りの様子

(b)肩削りの様子

(c)側面削りの様子

(d)倣い削りの様子

(e)輪郭削りの様子

(f)ポケット加工の様子

図1.2　エンドミルを使用した各種切削加工の様子　　　　　（写真提供:OSG）

「エンドミル」という名称は、「円柱の端面に切れ刃をもち、かつ、フライス盤で使用する切削工具である」ことに由来します。つまり、「端面」は英語で、「エンド フェイス (end face)」、「フライス盤」は英語で、「ミーリング マシーン (milling machine)」と訳されるため、それぞれの頭文字を取って、「エンド ミル」と名づけられたといわれています。
　なお、JIS B 0172 では、「エンドミル」を「外周面および端面に切れ刃をもつシャンクタイプフライスの総称」として定義しています。

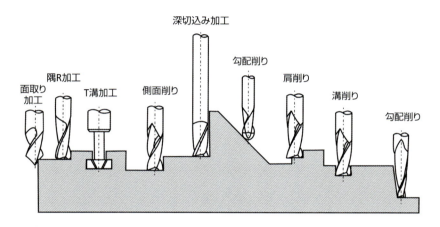

図1.3　エンドミルを使用した各種切削加工の模式

ひとくちコラム

エンドミルの仲間（フライス工具の一種）

　下図に、「コーナRカッタ」と「穴用の面取りフライス」を示します。コーナRカッタは、工作物の角をR形状に加工するフライス工具です。穴用の面取りフライスは、穴の角を面取りするフライス工具です。

コーナRカッタ

穴用の面取りフライス

2 エンドミルの各部の名称

　図1.4〜図1.9に、JIS B 0172に規定されているエンドミルの各部の名称と切れ刃の角度を一部抜粋して示します。各図に示すように、エンドミルの各部や切れ刃の角度には名称が付けられています。暗記する必要はありませんが、適宜覚えるようにしておくとよいでしょう。

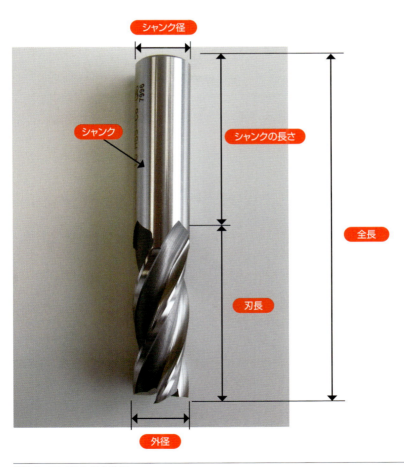

図1.4　エンドミルの全体図

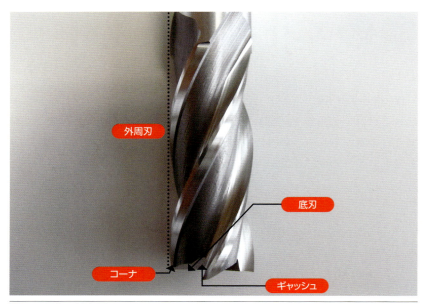

図1.5　刃部の拡大図

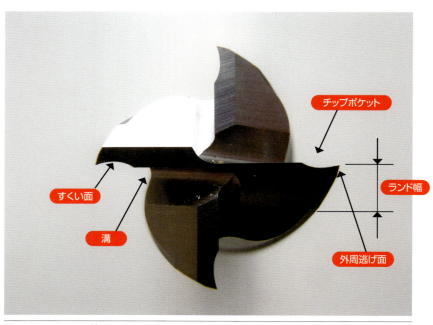

図1.6　エンドミルの端面

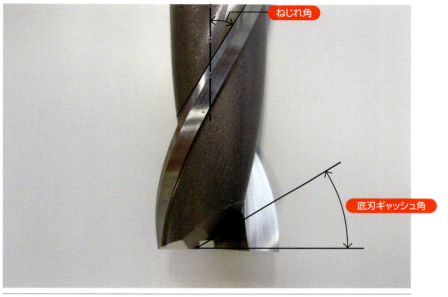

図1.7 ねじれ角と底刃ギャッシュ角

図1.8 底刃逃げ角

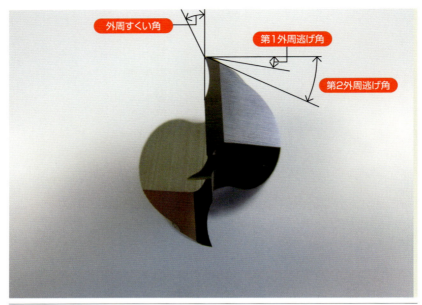

図1.9　外周すくい角と外周逃げ角

ひとくちコラム

エンドミルのブランク（中間製品）

　図はエンドミルのブランク（中間製品）です。つまり、エンドミルの完成前の状態で、このままでは使用できません。ユーザが目的や用途に合わせて自製のエンドミルをつくれるように、図のようなブランク（中間製品）も販売されています。

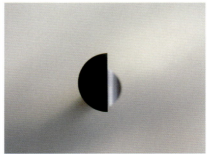

エンドミルの構造による分類

　図1.1に示したように、エンドミルは多種多様なものがあるため、目的や用途に応じて適切に選択することが肝要です。間違えて選択した場合には上手な加工は行えません。以下では、現在一般に流通しているエンドミルを、構造、切れ刃数、外周刃形状、刃底形状などで分類し、各特徴ついて解説します。エンドミルを正しく選択するためには、それぞれの特徴をしっかり理解することが大切です。

　なお、本書で紹介するエンドミルの分類は、エンドミルを詳細に解説するためJISと一部異なる分類もあります。JISによるエンドミルの分類に関してはJIS B 0172を参照してください。

　図1.10～1.11に、「むくタイプ」、「ろう付けタイプ」、「クランプタイプ」のエンドミルを示します。

　「むくタイプ」のエンドミルは、刃部(切れ刃)とシャンクが一体になっており、1本の円筒丸棒から研削してつくられた構造になっています。

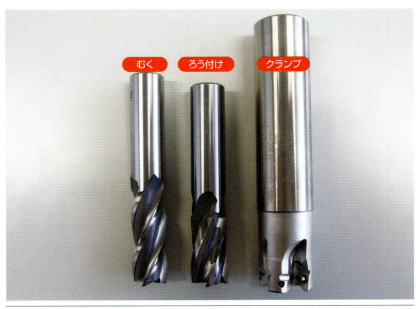

図1.10　「むくタイプ」、「ろう付けタイプ」、「クランプタイプ」のエンドミル(全体図)

一般に、生産現場で見かけるほとんどのエンドミルは「むくタイプ」です。

「ろう付けタイプ」のエンドミルは、刃部（切れ刃）をシャンクにろう付けしたエンドミルで、一般に切れ刃（刃部）とシャンクの材質は異なります。「付け刃タイプ」とも呼ばれます。

「クランプタイプ」のエンドミルは、ボデーに切れ刃（チップ）を機械的に締め付けることができる構造のエンドミルで、切れ刃（チップ）の交換が容易であることが最大の特徴です。旋盤で使用するスローアウェイバイトと同じ構造です。「クランプタイプ」のエンドミルは、マシニングセンタでよく使用されます。図1.12に、「クランプタイプ」のエンドミルと「クランプタイプ」のエンドミルを使用した加工の様子を示します。

また、ここで示した他にも、ボデーをシャンクに溶接した構造の「溶接タイプ」や、ボデーをシャンクに差し込んで固定した構造の「差し込みタイプ」があります。

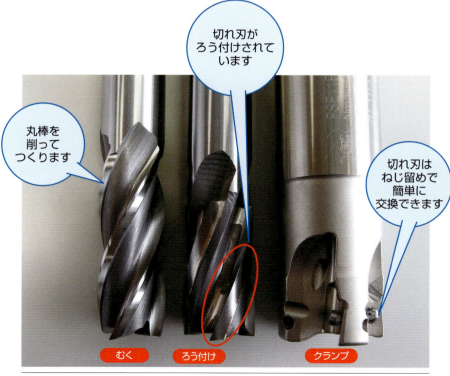

図1.11「むくタイプ」、「ろう付けタイプ」、「クランプタイプ」のエンドミル（刃部の拡大図）

(写真提供：OSG)

(写真提供：SECO・TOOLS)

(写真提供：OSG)

図1.12 クランプタイプのエンドミルと加工の様子

1-4 刃数による分類

　図**1.13**〜**1.16**に、刃数が一枚、二枚、三枚、四枚のエンドミルを側面から見た様子と端面(底刃)から見た様子を示します。JIS B 0172では、刃数が1枚のものを「一枚刃エンドミル」、刃数が2枚のものを「二枚刃エンドミル」、刃数が3枚のものを「三枚刃エンドミル」、そして、刃数が3枚以上のものを「多刃エンドミル」と定義しています。

　20頁の図**1.17**に、刃数が、二枚、三枚、四枚、六枚のエンドミルを端面(底刃側)から見た模式図を示します。図に示すように、エンドミルは刃数によって断面積が異なります。たとえば、エンドミルの外周に沿

図1.13　一枚刃エンドミル(側面から見た図)

図1.14　一枚刃エンドミル(端面から見た図)

ここがポイント！

エンドミルは、刃数が少ないほど、切りくずの排出性がよくなる反面、曲がり(たわみ)やすくなります。一方、刃数が多いほど、曲がり(たわみ)にくくなる反面、切りくずの排出性が悪くなります。どちらを優先するのか悩ましいですね。

う仮想的な円に対する断面積の割合は、二枚刃では約50％、三枚刃では約55％、四枚刃では約60％、六枚刃では約64％となります。 つまり、刃数が少ないほど断面積は小さく、曲げ剛性が低く（曲がりやすく）なる一方、刃数が多くなるほど断面積は大きく、曲げ剛性が高く（曲がりにくく）なります。したがって、半径方向の切込み深さが大きく、切削抵抗が大きい場合に刃数が少ないエンドミルを使用（選択）すると、切削抵

図1.15　刃数が二枚、三枚、四枚のエンドミル（側面から見た図）

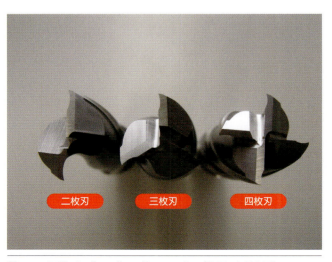

図1.16　刃数が二枚、三枚、四枚のエンドミル（端面から見た図）

抗によってエンドミルが曲がり、仕上げ面粗さや寸法精度が悪くなってしまいます。したがって、エンドミルが曲がりにくいという観点では、刃数の多い（断面積の大きな）エンドミルを選択することが重要といえます。ただし、注意が必要です！

　切削時に発生する切りくずに注目して考えます。切りくずは、エンドミルのチップポケット（溝）によって収容・排出されるため、切込み深さが大きく、切りくずが多く発生する場合、「切りくずの排出性」という観点では、チップポケット（溝）が大きい方が有利といえます。チップポケットが小さい場合には、切削中、切りくずがチップポケットに詰まり、エンドミルの破損の原因になります。

　エンドミルのチップポケット（溝）の大きさは、便宜上、エンドミルの外周に沿う仮想的な円からエンドミルの断面積を引いた面積で計算でき、チップポケット（溝）は刃数が少ないほど大きくなり、刃数が多くなるほど小さくなります。すなわち、「エンドミルの断面積」と「チップポケット（溝）の大きさ」は相反する関係にあり、エンドミルを選択する際には、

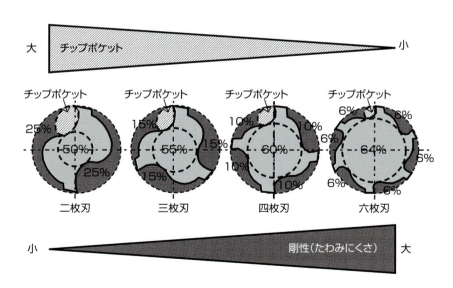

※本図に示した断面積の割合は一例であり、メーカや仕様により異なる場合があります

図1.17　エンドミルを端面（底刃側）から見た模式図

「エンドミルの剛性(曲げ強さ)」と「切りくずの排出性」の両方を考慮する必要があります。

　以上を総括すると、「荒加工」では、高能率に加工する(切りくずをバリバリ出す)ことが重視される一方、仕上げ面粗さや寸法精度がいくぶん悪くなってもよいので、「曲げ剛性」よりも「切りくずの排出性」を優先して、刃数の少ないエンドミルを選択します。一方、「仕上げ加工」では、加工能率よりも仕上げ面粗さや寸法精度を重視するので、「切りくずの排出性」よりも「曲げ剛性」を優先して、刃数の多いエンドミルを選択します。

　ただし、図1.18に示すように、切りくずの排出性が特に悪い溝加工では、「仕上げ加工」でも切りくずの排出性を優先して、チップポケットの大きい(刃数が少ない)エンドミルを選択するのがよい場合もあります。一方、切りくずの排出が比較的容易な側面削りでは、「荒加工」でも加工精度を優先して曲げ剛性の高い(刃数の多い)エンドミルを選択する場合もあります。

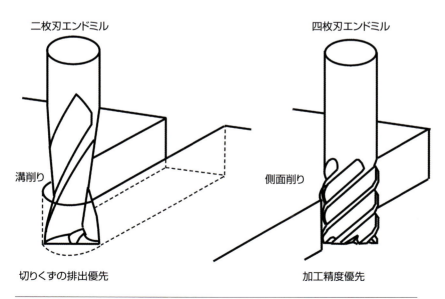

図1.18　二枚刃と四枚刃の選択指針の一例

図1.19～1.20に、刃数が六枚と十枚のエンドミルを示します。また、図1.21に、刃数がきわめて多い特殊なエンドミルの端面を示します。刃数が多くなると、切削に寄与する切れ刃が多くなるので高能率に加工できる反面、切れ刃と工作物の接触長さも増えるため切削抵抗が大きくなりやすいので注意が必要です。

図1.19　刃数が六枚と十枚のエンドミル（側面から見た図）

図1.20　刃数が六枚と十枚のエンドミル（端面から見た図）

図1.21　刃数が多い特殊なエンドミルの端面

参考図　八枚刃のエンドミルを使用した側面削りの様子

1-5 偶数刃と奇数刃

　図1.22〜1.23に、刃数が偶数と奇数のエンドミルを比較して示します。図に示すように、エンドミルの刃数には、「二枚刃、四枚刃、六枚刃」と「一枚刃、三枚刃、五枚刃」のように、「偶数刃」と「奇数刃」があります。

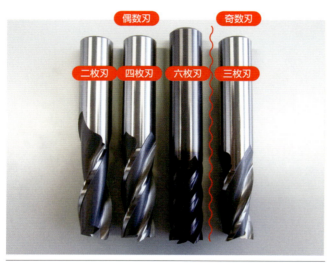

図1.22　「偶数刃」と「奇数刃」のエンドミル（側面から見た図）

図1.23　「偶数刃」と「奇数刃」のエンドミル（端面から見た図）

一般的には「偶数刃」を使用することが多いですが、切りくず詰まりや仕上げ面粗さの悪化、びびりの発生など「偶数刃」で不都合が生じた場合、「奇数刃」を使用すると改善されることがあります。

　たとえば、二枚刃のエンドミルでは、断面積が小さいため、チップポケットが大きいですが、エンドミルはたわみやすく、形状精度や仕上げ面粗さが悪化します。一方、四枚刃のエンドミルでは、断面積が大きいため、形状精度や仕上げ面粗さは良好といえますが、チップポケットが小さく、切りくず詰まりが懸念されます。ここで、三枚刃のエンドミルに注目すると、三枚刃は、二枚刃と四枚刃の両方の利点を有し、さらには、欠点を補うことができるエンドミルと考えることができます。つまり、「奇数刃」のエンドミルは、隣り合う「偶数刃」の両方の特性を有したエンドミルであると考えられます。極端にいえば、三枚刃や五枚刃のエンドミルを使用すれば、荒加工から仕上げ加工、側面削りから溝削りまで1本で行い得るといえ、「奇数刃」のエンドミルは使い勝手のよいマルチなエンドミルということもできます。特に、底刃を使用して工作物の表面を切削する場合、仕上げ面にはエンドミルの底刃によるカッターマークが発生しますが、このカッターマークは刃数を少なくすることにより低減できます。すなわち、「偶数刃」よりも一枚少ない「奇数刃」を使用することにより、仕上げ面性状を良好にすることができます。

　そして、「奇数刃」のエンドミルの最大の特徴は「びびり」の抑制です。断面形状が軸対称になる「偶数刃」では、切削抵抗により発生する振動の形態（種類）が直交する2方向で類似するため、共振が発生しやすく、びびりが発生しやすくなります。一方、断面形状が非軸対称である「奇数刃」の場合には、切削抵抗により発生する振動の形態（種類）が異方となり影響し合わないため、びびりが抑制されます。つまり、「奇数刃」は、「偶数刃」よりもびびりが発生しにくいという利点があります。

　このように、「奇数刃」はその特性を十分に理解し上手に使用すると、不都合を解決できることがあります。ただし、「奇数刃」は、切れ刃が対向する角度に位置しないので、工具摩耗や再研削する場合、外径の管理を行うことが難しいという欠点もあります（奇数刃の場合、外側マイクロメータで外径を測定することはできません）。

1-6 外周刃の形状による分類

図1.24に、ストレート刃エンドミル、テーパ刃エンドミル、荒削りエンドミル、ニック付きエンドミル、中仕上げエンドミルを示します。図に示すように、JIS B 0172では、外周刃の形状により主として5つのエンドミルを定義しています。

「ストレート刃エンドミル」は、外周刃が平行になっている一般的なエンドミルです。

「テーパ刃エンドミル」は、図1.25に示すように、外周刃がテーパ形状になっており、刃先に向かって外径が細くなったエンドミルです。刃先に比べてシャンクの外径が太いので剛性が高く、金型の抜き勾配を加工するために使用します（図1.26参照）。なお、テーパエンドミルの勾配は、図のように、「テーパ半角（勾配角）」で表します。

図1.24　外周刃形状が異なるエンドミル

図1.25　テーパ刃エンドミル

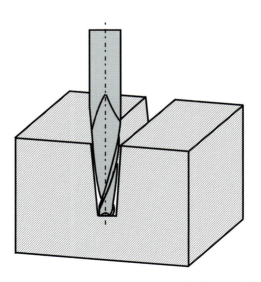

※勾配加工は「リブ加工」と呼ばれる場合もあります

図1.26　テーパ刃エンドミルを使用した勾配加工

「荒削りエンドミル」は、図1.27に示すように、外周刃が波形になっているエンドミルで、外周刃の波形の位相は一定の間隔でズレており、エンドミルが回転した時に外周刃が描く輪郭が円筒状になるように形成されています。「荒削りエンドミル」は、外周刃を波形にすることにより切りくずを細かく分断できるため、切りくずの排出性が高くなります。また、外周刃の表面積が大きくなることで切削熱の発散効率が高くなると同時に、波形の谷部には切削油剤が入り込みやすく潤滑作用や冷却作用が得られやすいため、ストレート刃のエンドミルに比べ切削抵抗が低くなります。したがって、送り速度、切込み深さを大きくすることができ、加工能率の向上に有効です。このことから、「荒削りエンドミル」は、名前の通り、荒加工に適しており、一般には「ラフィングエンドミル」と呼ばれます。

　最近では、波形の間隔を細かくし、切りくずの分断と潤滑・冷却効果を高めた「ファインピッチ」と呼ばれる「荒削りエンドミル」も販売されて

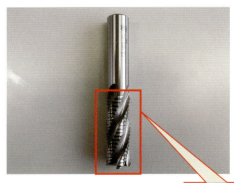

図1.27　荒削りエンドミルの全体図と刃部の拡大図

います（図1.28参照）。ただし、溝削りでは、細かく破断した切りくずを噛み込みやすいので注意が必要です。なお、荒削りエンドミルは外周刃の波形の頂部のみが切削に関与するため、切削抵抗が切れ刃頂部に集中することから、摩耗やチッピングは外周刃の頂部から発生し易くなります。また、仕上げ面は外周刃の形状を転写されたような波形になり仕上げ面粗さは大きくなります。ただし、工作物に接触する切れ刃の長さが短くなるので「びびり」が発生し難くなる利点があります。

図1.29に、「荒削りエンドミル」を使用した溝削りの様子を示します。

「ニック付きエンドミル」は、図1.30に示すように、外周刃に「ニック」と呼ばれる「切りくずを分割するための溝」をもつエンドミルで、「ニック」により切りくずが分断され、切削油剤の浸透性も高くなることからストレート刃のエンドミルに比べ切削抵抗が低くなり、高能率加工に有効です。

なお、「ニック」はバイトのチップに形成されるチップブレーカと同じ役割です。ただし、「ニック付きエンドミル」でも、深いポケット加工では、切りくずが排出し難い場合もあるので注意が必要です。

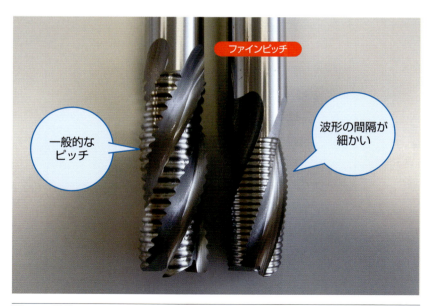

図1.28　通常のピッチとファインピッチの荒削りエンドミル

図1.29　荒削りエンドミルを使用した溝削りの様子

図1.30　ニック付きエンドミル

「中仕上げエンドミル」は、図1.31に示すように、外周刃の形状が台形になっているエンドミルで、「ニック付きエンドミル」と同じように切りくずの分断効果があることに加え、外周刃の頂部がフラットになっているため、「荒削りエンドミル」よりも仕上げ面性状が良好になり、荒加工および中仕上げ加工に使用できます。つまり、「中仕上げエンドミル」は、「ニック付きエンドミル」と「荒削りエンドミル」の利点を両方有したエンドミルといえます。

なお、図1.32に、特殊な波形形状をもつエンドミルを示します。図に示すエンドミルは、高速度工具鋼製のエンドミルで、加工能率と仕上げ面粗さを両立し、びびりの抑制効果もある特殊エンドミルです。

図1.31　中仕上げエンドミルの全体図と刃部の拡大図

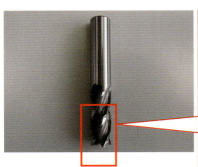

図1.32　特殊な波形形状のエンドミルの全体図と刃部の拡大図

1-7 底刃形状による分類（側面から見た底刃）

図1.33に、「スクエアエンドミル」、「ボールエンドミル」、「ラジアスエンドミル」の全体図と底刃の拡大図を示します。JIS B 0172では、図に示すように、底刃の形状によりエンドミルを主として3つに分類しています。

(a) 全体図

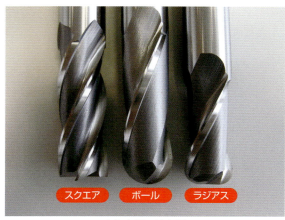

(b) 底刃の拡大図

図1.33 底刃形状の異なるエンドミル

①スクエアエンドミル

「スクエアエンドミル」は、図1.34に示すように、角形のコーナをもつエンドミルで、最も一般的な形状です。

②ボールエンドミル

「ボールエンドミル」は、図1.35に示すように、球状の底刃をもつエンドミルで、金型など曲面加工や傾斜加工する場合（3次元切削）に使用します（P.37参考図参照）。

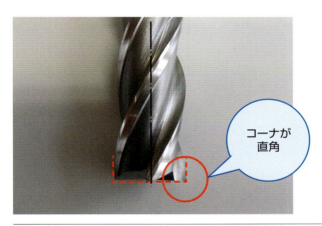

図1.34　スクエアエンドミルの底刃

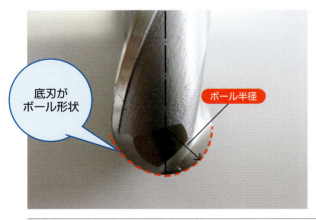

図1.35　ボールエンドミルの底刃

図1.36に、「スクエアエンドミル」と「ボールエンドミル」、「ラジアスエンドミル」を使用した倣い削りにおける荒加工の模式図を示します。図に示すように、「スクエアエンドミル」を使用して倣い削りを行うと、階段状の削り残しが発生するため、仕上げ加工の取り代が大きくなる不都合が生じます。一方、「ボールエンドミル」、「ラジアスエンドミル」を使用して倣い削りを行う場合には、削り残しの少ない比較的滑らかな形状に加工できることがわかります。ただし、「ボールエンドミル」の底刃中心部はチップポケットが小さいため切りくずの排出性が悪いという欠点があります。

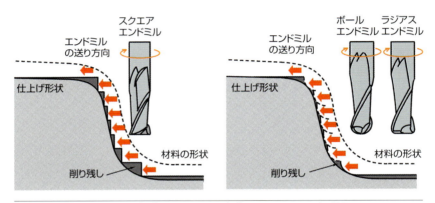

図1.36　「スクエアエンドミル」と「ボールエンドミル」、「ラジアスエンドミル」を使用した倣い削りにおける荒加工の模式図

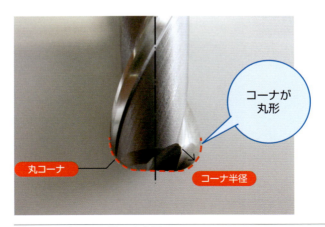

図1.37　ラジアスエンドミルの底刃

③ラジアスエンドミル

「ラジアスエンドミル」は、図1.37に示すように、丸形のコーナを持つエンドミルで、「スクエアエンドミル」と「ボールエンドミル」の両方の特性を持ち、二次元加工および三次元加工の両方に使用できます。「ラジアスエンドミル」は、コーナが丸形になっていることで、切削による衝撃が緩和され、「スクエアエンドミル」よりも耐欠損性が高いです。また、「ラジアスエンドミル」は、「スクエアエンドミル」や「ボールエンドミル」と比べ、下記のような利点があります。

図1.38に、「ラジアスエンドミル」と「スクエアエンドミル」における切れ刃1刃あたりの切削断面形状の違いを示します。図に示すように、1刃あたりの送り量および軸方向の切込み深さが同じ場合、「ラジアスエンドミル」と「スクエアエンドミル」では、1刃あたりの切削断面形状が異なり、「ラジアスエンドミル」は「スクエアエンドミル」より切削に作用する切れ刃の長さが長くなります。また、1刃あたりの最大切取り量を比較すると、「ラジアスエンドミル」は「スクエアエンドミル」よりも小さくなることがわかります。すなわち、「ラジアスエンドミル」は「スクエアエンドミル」よりも1刃あたりの切削抵抗が小さくなるため、加工能率（主として送り速度）を高くすることができます。そして、同じ切削条件、切削距離では工具寿命が長くなります。また、エンドミルがねじ

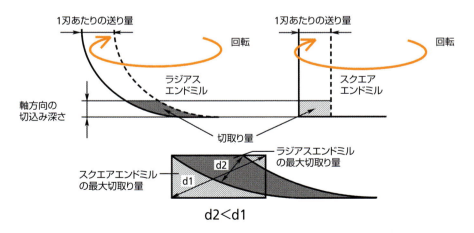

図1.38 「ラジアスエンドミル」と「スクエアエンドミル」における切れ刃1刃あたりの切削断面形状の違い

れ角を持つ場合には、切削に寄与する切れ刃の長さは長くなる（エンドミルの回転により外周刃が工作物に接触する長さが長くなる）ため、上記の傾向もさらに大きくなります。ただし、切削に寄与する切れ刃が長くなると、びびりが発生しやすくなるのでこの点は注意が必要です。

図1.39に、「ラジアスエンドミル」と「ボールエンドミル」を使用した倣い削りの模式図を示します。図1.35に示すように、ボールエンドミルは底刃が球状であるため、エンドミルの外径はボール半径に依存します。したがって、図のような倣い削りを行う場合、エンドミルの曲げ剛性を高くするためには、ボール半径の大きなボールエンドミルを使用する必要があります。しかし、ボール半径の大きいものを使用すると、ボ

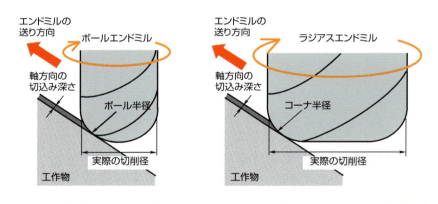

図1.39　「ラジアスエンドミル」と「ボールエンドミル」を使用した倣い削りの模式図

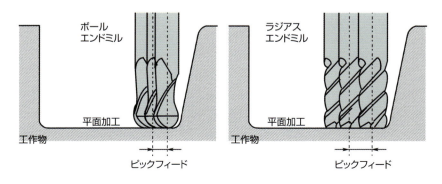

図1.40　「ラジアスエンドミル」と「ボールエンドミル」を使用した平面加工の模式図

ールエンドミルの中心付近で切削することになり、適当な切削速度が得られなくなってしまいます。

　一方、ラジアスエンドミルは、底刃のコーナが丸形になっているだけですので、エンドミルの外径は底刃のコーナ半径に依存しません。つまり、底刃のコーナの大きさは変えずに、エンドミルの外径を大きくすることができるため、曲げ剛性が高くでき、たわみを抑制することができます。また、エンドミルの外径を大きくすることで切削速度が高くなるため仕上げ面性状や工具寿命が長くなる利点があります。さらに、図1.40に示すように、底刃を使用して平面加工を行う場合、ラジアスエンドミルは、ボールエンドミルよりも送り間隔（ピックフィード）を大きくすることができ、加工能率を高くできます。

　なお、JIS B 0172では、図1.41に示すように、面取りしたコーナをもつ底刃を「面取り刃」として定義しています。

図1.41　面取り刃

参考図　ボールエンドミルを使用した三次元加工の様子
（画像提供：OSG）

1-8 底刃形状による分類 (端面から見た底刃)

　図1.42～1.46に、「センタカット刃」と「センタ穴付き刃」のエンドミルを端面から見た様子を示します。図に示すように、JIS B 0172では、エンドミルを端面から見た底刃の形状により主として、「センタカット刃」と「センタ穴付き刃」に分類しています。

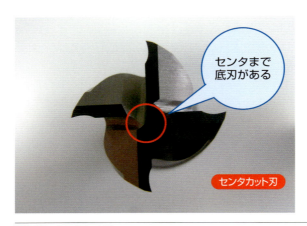

図1.42　センタカット刃

図1.43　センタ穴付き刃

①センタカット刃

「センタカット刃」は、エンドミルの軸心（中心）まで底刃をもつエンドミルです。穴あけ加工などエンドミルの軸方向の切削が可能で、その切削性能は刃数が少ないほどよいです。ただし、底刃の中心部は切削速度がゼロであるため切削に寄与せず、切りくずの排出も円滑ではありません。このため、軸方向の送り速度が高い場合には、エンドミルに大きな負荷が作用して、びびりが発生し、底刃のチッピングや欠損が発生することがあるので注意が必要です。

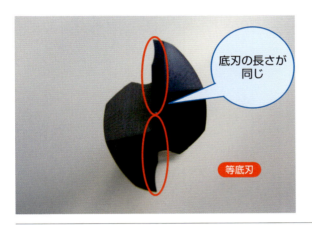

図1.44　等底刃：二枚刃の場合

図1.45　等底刃：四枚刃の場合

また、「センタカット刃」には、底刃の長さがすべて等しい「等底刃」と切れ刃の長さが異なる「不等底刃」があります。一番長い底刃を「長底刃」または「親刃」といい、一番長い底刃を除く底刃を「短底刃」または「子刃」といいます。

②センタ穴付き刃

　「センタ穴付き刃」は、底刃にセンタ穴をもつエンドミルで、底刃の中心に切れ刃がないので、穴あけ加工などエンドミルの軸方向の切削はできません。この点は注意が必要です！ただし、「センタ穴付き刃」は、外周刃を再研削する場合、センタ穴を利用して両センタ（両端支持）で研削できるので、再研削精度（刃付け精度）が高くなる利点があります。また、底刃の長さが短いので、底刃の再研削にも手間がかかりません。

図1.46　不等底刃：二枚刃の場合

センタ穴付き刃のエンドミルは、底刃の中心に切れ刃がないので、穴あけ加工を行うことはできません。一方、センタカット刃のエンドミルは、穴あけ加工は可能ですが、底刃の中心は切削速度がゼロであるため円滑な切削状態とはいえません。送り速度は低く設定することが肝要です。

ひとくちコラム

刃数は同じでも底刃の断面形状は違う

　下図に、A社とB社のエンドミルを示します。両図を比較すると、同じ刃数のエンドミルでも断面形状(断面積とチップポケットの割合)が異なることがわかります。どちらがよいというわけではなく、目的に合った物を選択することが大切です。

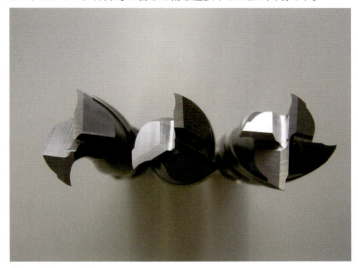

(a)　A社のエンドミル

(b)　B社のエンドミル

1-9 ねじれ角による分類

　図1.47に、一般的なエンドミル、「強ねじれ刃エンドミル」、「直刃」のエンドミルを比較して示します。「ねじれ角」とは、「外周刃の傾き角」のことで、図に示すように、エンドミルの軸を0°として角度を示します。一般的なエンドミルのねじれ角はおおむね30°程度です。JIS B 0172では、ねじれ角が40°以上の外周刃を持つエンドミルを「強ねじれ刃エンドミル」、ねじれ角が0°の外周刃を「直刃」と定義しています。また、JISには規定されていませんが、ねじれ角が15°程度のエンドミルは通称「弱ねじれ刃エンドミル」、直刃のエンドミルは通称「スロッチングエンドミル」と呼ばれます。

①ねじれ角の大きさによる切削断面形状の違い

　図1.48に、ねじれ角の大きさによる切削断面形状の違いを示します。図に示すように、1刃あたりの送り量および軸方向の切込み深さが同じ

図1.47　一般的なエンドミル、「強ねじれ刃エンドミル」、「直刃」のエンドミル

場合、ねじれ角の大きさによって切削断面形状が異なり、ねじれ角が大きいほど最大切取り厚さが薄くなるので切削抵抗は低くなります。これが、ねじれ角が大きいほど切れ味がよいといわれる理由です。切削抵抗が低くなることにより、切削温度は低く、仕上げ面粗さは良好になります。

②**強ねじれ刃エンドミルと一般的なエンドミル**

図**1.49**に、強ねじれ刃エンドミルと一般的なエンドミルの模式図を示します。図から、刃長が同じ場合、強ねじれ刃エンドミルは、一般的

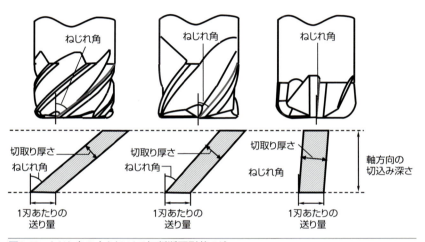

図**1.48** ねじれ角の大きさによる切削断面形状の違い

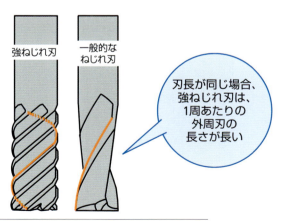

図**1.49** 「強ねじれ刃エンドミル」と一般的なエンドミルの模式図

なエンドミルに比べ、1周あたりの外周刃の長さが長くなることがわかります。すなわち、強ねじれ刃エンドミルは、軸方向の切込み深さが同じ場合、一般的なエンドミルに比べ、切削に寄与する（工作物に接触する）外周刃が長くなるため、外周刃単位長さあたりに作用する切削抵抗が減少します。同時に切削熱の発散効率が高くなるので工具寿命が長くなります。ただし、切削に寄与する（工作物に接触する）外周刃が長くなることで全体的な切削抵抗が大きくなる場合があるので注意が必要です。

　このように、ねじれ角が大きいほど切削特性は優れているといえ、特にステンレス鋼や耐熱合金のように熱伝導率が低く、切れ刃への熱影響が大きい場合（切れ刃に熱がたまりやすい場合）には、強ねじれ刃エンドミルが適しているといえます。一方、ねじれ角が大きい場合には不都合な点もいくつかあります。図1.50に、ねじれ角の大きさによる切削抵抗の違いを示します。図に示すように、切削抵抗は外周刃に垂直に作用するため、直刃では、エンドミルの回転方向（送り方向）にのみ切削抵抗が作用しますが、ねじれ刃の場合には、外周刃に作用する切削抵抗がエンドミルを引き抜く方向に作用します。さらに、切削抵抗の軸方向分力はねじれ角に比例して大きくなることが確認できます。すなわち、ねじれ角が大きい場合には、切削抵抗によりエンドミルが引っ張られミーリ

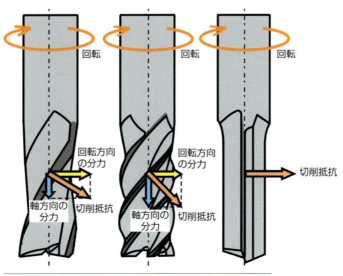

図1.50　ねじれ角の大きさによる切削抵抗の違い

ングチャックから抜け落ちる危険性があり、強ねじれ刃エンドミルを使用する場合には、特にミーリングチャックの締付け力を強くするよう心がけることが大切です。

　また、ねじれ角が大きい場合には、外周刃が工作物に接触するタイミングに時間的なズレが生じるため、図1.51に示すように仕上げ面にうねりが生じやすくなります。このため、仕上げ面粗さよりも形状精度を優先する場合には、ねじれ角の小さな弱ねじれ刃のエンドミルを選択する方がよいといえます。

③**強ねじれ刃エンドミルの特徴**

　強ねじれ刃エンドミルに関して特徴を追記します。図1.50に示すように、ねじれ刃の場合、外周刃に作用する切削抵抗はエンドミルの回転方向（送り方向）と軸方向に分解できます。そして、ねじれ角の大きさにより回転方向（送り方向）と軸方向に作用する切削抵抗の比率が変化し、ねじれ角が大きくなるほど、軸方向に作用する切削抵抗は大きくなる一方、回転方向（送り方向）に作用する切削抵抗は小さくなります。つまり、強ねじれ刃エンドミルでは、回転方向（送り方向）に作用する切削抵抗が小さくなるので、送り速度（1刃あたりの送り量）を大きくでき、高能率な加工が可能になります。

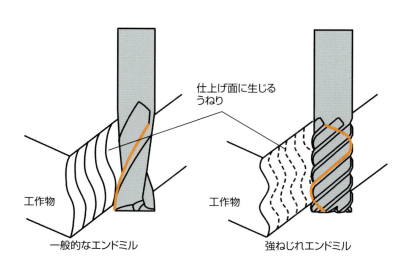

図1.51　ねじれ角の大きさによる仕上げ面に生じるうねりの違い

さらに、切削時に発生する切りくずはねじれ角に沿って排出されるため、ねじれ角が大きいほど外周刃の傾きが緩やかになるため、切りくずの流出は滑らかになります。このため、溝加工のような切りくずの排出が困難な加工では、強ねじれ刃エンドミルが適しています。ただし、ねじれ角が大きくなるほど外周刃が工作物を持ち上げる力（軸方向に作用する切削抵抗の反力）が大きくなるため、工作物が薄い場合には工作物が浮き上がり、びびりの原因になります。

　その他、強ねじれ刃エンドミルの特性として、図1.52に示すように、ねじれ角が大きくなるほどコーナ部は鋭利になるため、外周刃が欠損し

(a) ねじれ角の大きさによるコーナ形状の拡大図

ねじれ角小

ねじれ角大

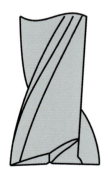

(b) コーナ形状の模式図

図1.52　ねじれ角の大きさによるコーナ形状の違い

やすく、硬い材料には適さない一方、アルミ合金や銅合金のような比較的軟らかい材料の重切削に適します。また、強ねじれ刃エンドミルは複数の外周刃が工作物に接触するため、完全な断続切削にはならず、直刃のエンドミルよりも切削抵抗の変動は小さくなります（図1.53参照）。

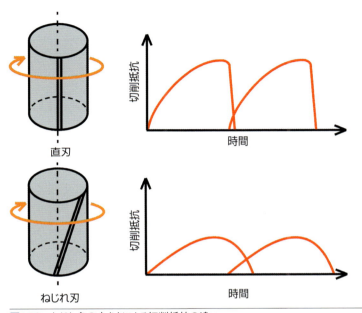

図1.53　ねじれ角の大きさによる切削抵抗の違い

ひとくちコラム

ねじれ角と切削特性の関係

下表に示すように、ねじれ角の大きさによって切削特性が異なり、それぞれ利点、欠点があります。

ねじれ角と切削特性の関係

ねじれ角	切削抵抗			加工精度		工具寿命		
	切削トルク	送り方向分力	垂直分力	表面粗さ	うねり	逃げ面摩耗	外径摩耗	折損
0〜20°	△	△	◎	△	◎	○	△	○
20〜40°	○	○	○	○	○	◎	○	◎
40〜50°	◎	◎	△	◎	△	○	◎	○

◎:優、○:良、△:可

1-10 右刃と左刃

図1.54に、「右刃・右ねじれ刃」と「左刃・左ねじれ刃」のエンドミルを比較して示します。JIS B 0172では、エンドミルを取り付けた側（主軸側）から見て時計回りに回転する切れ刃を「右刃」、反時計回りに回転する切れ刃を「左刃」と定義しています。本図は、エンドミルの端面（底面）側から見ているので、反時計回りに回転する切れ刃が「右刃」、時計回りに回転する切れ刃が「左刃」となります。まぎらわしいですが間違えないようにしてください。

なお、「右刃」は主軸の回転方向が時計回り（右回転）の工作機械（フライス盤やマシニングセンタ）で使用し、「左刃」は主軸の回転方向が反時計回り（左回転）の工作機械（フライス盤やマシニングセンタ）で使用します。主軸の回転方向が時計回り（右回転）の工作機械（フライス盤やマシニングセンタ）に「左刃」のエンドミルを取り付けても主軸の回転方向に外周刃（切れ刃）がないため加工できません。

一般的な工作機械（フライス盤やマシニングセンタ）の主軸の回転方向は主軸頭から見て時計回り（右回転）が多いため、エンドミルも「右刃」が多く、「左刃」はほとんど見かけません。

ひとくちコラム

ドリルも右刃が主流！

図に各種ドリルを示します。図からわかるように、ドリルもエンドミルと同様に、右刃のものが多く、左刃のものはほとんど見かけません。

（写真提供：SECO・TOOLS）

(a) 右刃・右ねじれ刃

(b) 左刃・左ねじれ刃

図1.54 「右刃・右ねじれ刃」と「左刃・左ねじれ刃」のエンドミル

1-11 右ねじれ刃と左ねじれ刃

　図1.55に、右刃で「右ねじれ刃」のエンドミルを示します。また、図1.56に、右刃の「右ねじれ刃」と「左ねじれ刃」のエンドミルを模式的に示します。JIS B 0172では、エンドミルを取り付けた側（主軸側）から見て時計回りにねじれた切れ刃を「右ねじれ刃」、反時計回りにねじれた切れ刃を「左ねじれ刃」と定義しています。本図では、エンドミルの中心軸に対して外周刃が右上がりなっているのが「右ねじれ刃」で、左上がりなっているのが「左ねじれ刃」です。

　図1.57に、「右刃・右ねじれ刃」と「右刃・左ねじれ刃」のエンドミルを使用して切削した場合の外周刃に作用する切削抵抗を模式的に示します。図のように切削抵抗は外周刃に垂直に作用するため、「右ねじれ刃」では、切削抵抗がエンドミルを引き抜く方向に作用し、「左ねじれ刃」では、切削抵抗がエンドミルを主軸側へ押し込む方向に作用することがわかります。すなわち、「右刃・右ねじれ刃」では、切削中、エンドミルが切削抵抗によって引き抜かれる可能性があるので、ミーリングチャックの拘束力（締め付け力）を高くするよう心がけることが重要です。一方、「右刃・左ねじれ刃」では、エンドミルが抜け落ちる心配はありません。

図1.55　「右刃・右ねじれ刃」のエンドミル

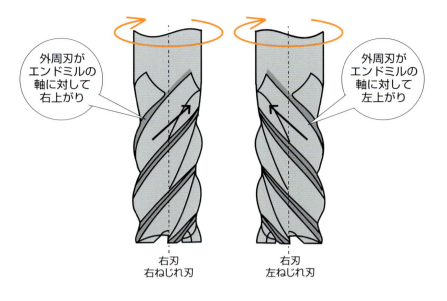

図1.56 「右刃・右ねじれ刃」と「右刃・左ねじれ刃」のエンドミルの模式図

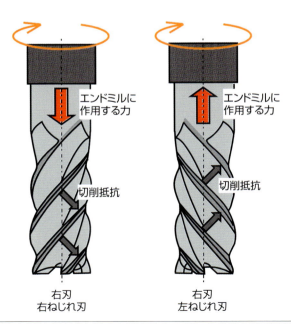

図1.57 「右刃・右ねじれ刃」と「右刃・左ねじれ刃」のエンドミルに作用する切削抵抗の違い

図1.58に、「右刃・右ねじれ刃」と「右刃・左ねじれ刃」の底刃を使用した正面削りの模式図を示します。図に示すように、「右刃・右ねじれ刃」では、切れ刃が工作物に食い込み、切りくずはねじれ角に沿って滑らかに流出する一方、「右刃・左ねじれ」では、切れ刃が工作物を強引に剥ぎ取るような形態になり切りくずは折り曲げたようになります。このように、正面削りなど底刃を使用する切削では、「右刃・左ねじれ」のエンドミルは有効とはいえません。しかしながら、底刃を使用しない側面削りや肩削りでは、「右刃・右ねじれ」のエンドミルの場合、切りくずの流出方向が上向きになるため、図1.59に示すように、仕上げ面の上面にバリが生じやすくなります。一方、「右刃・左ねじれ」のエンドミルの場合、切りくずの流出方向が下向きになるため、仕上げ面の上面にバリが発生しない利点があります。

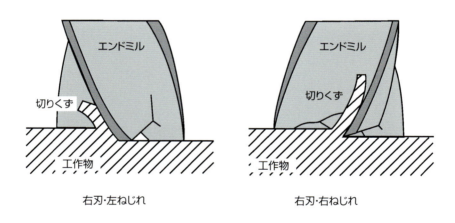

図1.58　右刃の「右ねじれ刃」と「左ねじれ刃」の底刃を使用した正面削りの模式図

ひとくちコラム

ルータービット

　ホームセンターではエンドミルによく似た「ルータービット」という切削工具が売られています。ルータービットは、ルーター、トリマーと呼ばれる機械に取り付け、主として、木材加工に使用される切削工具です。エンドミルと用途は同じですが、金属加工には使用できませんので注意してください。

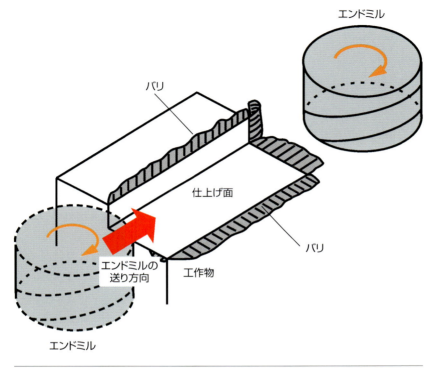

図1.59 「右刃・右ねじれ刃」のエンドミルで切削した場合に仕上げ面の上面に発生するバリ

ひとくちコラム

1円玉より小さなエンドミル

　下図に、小径のエンドミルと小径エンドミルを使用した切削の様子を示します。図に示した1円玉からわかるように、エンドミルには外径の小さなものもあります。本図に示すエンドミルの外径は1mmです。

1-12 不等分割エンドミル

　図1.60に、「一般的（等分割）なエンドミル」と「不等分割エンドミル」の底刃を比較して示します。図に示すように、一般的なエンドミルは、底刃および外周刃が等角（同じ間隔）に位置する一方で、「不等分割エンドミル」は、隣り合う底刃および外周刃が不等角（異なった間隔）に位置しています。このように、底刃および外周刃を等角（同じ間隔）に付けず、不等角にしたエンドミルを一般に「不等分割エンドミル」と呼んでいます。

　図1.61に、「一般的（等分割）なエンドミル」と「不等分割エンドミル」を使用した切削の様子を模式的に示します。図に示すように、一般なエンドミル（等分割なエンドミル）では、底刃および外周刃が等角であるため、切れ刃が工作物に接触する（切れ刃が工作物を切削する）周期が一定になります。このため、切りくずは一定の周期で発生し、一定の方向に飛散します。このような切削状態は、一見、規則性があり安定しているように思えますが、送り速度や切込み深さが大きくなると切削抵抗が増大し、周期性に起因したびびりが発生しやすくなります。

　一方、「不等分割エンドミル」では、隣り合う底刃および外周刃の間隔が異なるため、切れ刃が工作物に接触する（切れ刃が工作物を切削する）周期が乱れます（周期性が打ち消されます）。このため、切りくずの発生する周期が乱れ、切りくずは散乱します。このような切削状態は、不規則で不安定に思いますが、送り速度や切込み深さを大きくし、切削抵抗が増大しても周期的な振動にはならないため、周期性に起因したびびりは発生しにくくなります。

　このように、「不等分割エンドミル」は、びびりを抑制するために有効なエンドミルといえます。

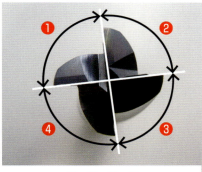

❶=❷=❸=❹
切れ刃の位置（角度）が等分割

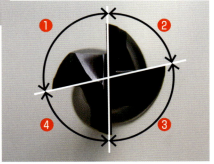

❶=❸≠❷=❹
切れ刃の位置（角度）が不等分割

図1.60　「等分割なエンドミル」と「不等分割エンドミル」

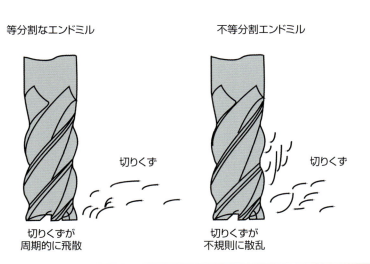

図1.61　「一般的なエンドミル」と「不等分割エンドミル」を使用した切削の模式図

1-13 不等リードエンドミル（不等ねじれ角）

　図1.62に、一般的なエンドミルと「不等ねじれ角」のエンドミルを比較して示します。一見すると両者の違いはわかりませんが、図に示すように、一般的なエンドミルでは、ねじれ角がすべて同じ角度（等角）になっている一方で、「不等ねじれ角」のエンドミルでは、隣り合う外周刃のねじれ角が異なっています。このように、隣り合う外周刃のねじれ角が異なる（不等角な）エンドミルを一般に、「不等リードエンドミル」と呼んでいます。

　「不等リードエンドミル」は、隣り合う外周刃のねじれ角が異なるため、外周刃が工作物に接触する時間（切削開始から切削終了までの時間）に差が生じると同時に、1刃あたりの送り量および1刃あたりの軸方向の切込み深さが不均一になります。

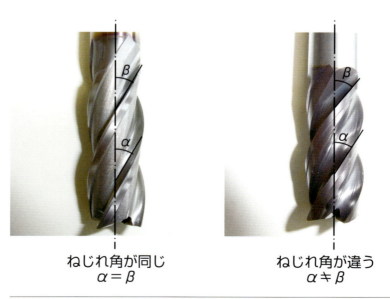

図1.62　一般的なエンドミルと「不等ねじれ角」のエンドミル

このため、切削の周期性が乱れ（周期性が打ち消され）、切りくずの排出速度および排出方向が変化します。このような切削形態は前項で示した不等分割エンドミルと同様に、不規則で不安定に思えますが、送り速度や切込み深さを大きくし、切削抵抗が増大しても周期的な振動にはならないため、周期性に起因したびびりは発生しにくくなります。

　ここで上記の通り、「不等リードエンドミル」は、隣り合う外周刃のねじれ角が異なるため、「外周刃が工作物に接触する時間（切削開始から切削終了までの時間）に差が生じ、切削の周期性が乱れます。一方、前項で示した「不等分割エンドミル」では、隣り合う底刃および外周刃の間隔が異なるため、「切れ刃が工作物に接触する（切削する）タイミングに差異が生じ、切削の周期性が乱れます。このように、両者とも周期性に起因したびびりの抑制に適したエンドミルですが、両者のメカニズムは異なりますのでこの点は留意してください。

　なお、近年では、「不等分割」と「不等リード」の両方を適用した図**1.63**の「不等分割・不等リードエンドミル」が販売され、難削材加工や難形状加工に多く使用されています。「不等分割・不等リードエンドミル」は、両者の特性を備えたエンドミルで、切りくずの排出時間・流出速度・飛散方向が変化するため、切削抵抗は周期性を持たず、びびりを抑制できます。ただし、「不等分割・不等リードエンドミル」を使用しても切削環境や過剰な切削条件ではびびりが発生する場合があります。

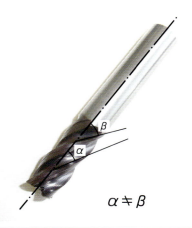

図1.63　不等分割・不等リードエンドミル

1-14 コーナの強度向上と工具寿命

　図1.64に、一般的なエンドミルとコーナの強度を向上させたエンドミルのコーナ部をそれぞれ拡大して示します。図に示すように、一般的なエンドミルのコーナは、鋭利で外周刃と底刃が繋がっている一方、コーナの強度を向上させたエンドミルのコーナは、外周刃と底刃が繋がる部分が平坦になっていることがわかります。このように、コーナをいくぶん平坦にすることにより、コーナの強度を向上させることができ、工具寿命を長くすることができます（図1.65参照）。コーナの強度を向上させたエンドミルは高硬度な材料の加工に適しています。ただし、コー

(a) 一般的なエンドミルのコーナ

(b) コーナの強度を向上させたエンドミルのコーナ

図1.64　一般的なコーナ形状のエンドミルと「コーナの強度を向上させたエンドミル」

ナが平坦であるため切れ味はいくぶん劣り、仕上げ面性状は若干悪くなります。

　なお、コーナの強度を向上させたエンドミルは、「アタリ付き」、「ギャッシュ当て」、「ギャッシュランド付き」などの商品名で各製造メーカにより販売されています。

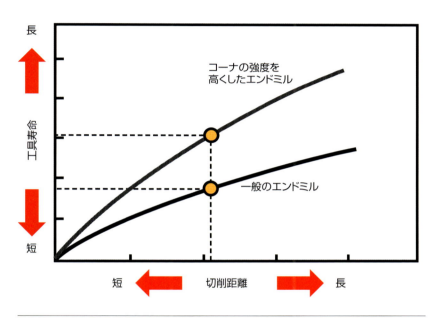

図1.65 一般的なコーナ形状のエンドミルと「コーナの強度を向上させたエンドミル」の工具寿命の違い

コーナの強度を高めたエンドミルは、一般に、高速度工具鋼製よりも超硬合金製に多く見られます。これは、高速度工具鋼は靱性(粘り強さ)が高く、コーナに欠損が生じにくい一方で、超硬合金は靱性が低く、コーナの欠損が生じやすいためです。すなわち、コーナを平坦にし、強度を高めることで欠損やチッピングによる早期摩耗を抑制しています。

1-15 刃長の長さ

図1.66に、刃長の異なる3種類のエンドミルを比較して示します。一般に、外径の2倍程度の刃長のものを「ショート」、外径の3倍程度の刃長のものを「レギュラー」、外径の4倍程度の刃長のものを「ロング」と呼んでいます。ただし、JISでは、エンドミルの刃長に関する規定はありません。

エンドミルは片持ち支持のため、突き出し長さが長くなるほどたわみやすくなります。このため、ロングエンドミルを使用する場合には、できるだけ曲げ剛性を強くするため断面積率の大きい(刃数が多い)エンドミルを選択するのがよいといえます。ただし、刃数が多くなるとチップポケットの割合が小さくなるので、切りくず詰まりに注意が必要です。なお、エンドミルの突き出し長さ(刃長)とたわみ量の関係は、第3章で解説していますので参照してください。

図1.67に示すように、刃長が短く、シャンクが長いエンドミルも販売されています。

ひとくちコラム

輪郭削りの様子

右図に、シャンクの長さが長いスローアウェイタイプのエンドミルを使用した輪郭削りの様子を示します。図に示すように、スローアウェイタイプのエンドミルにおいても、シャンクの長さが長いものがあります。

(写真提供:SECO・TOOLS)

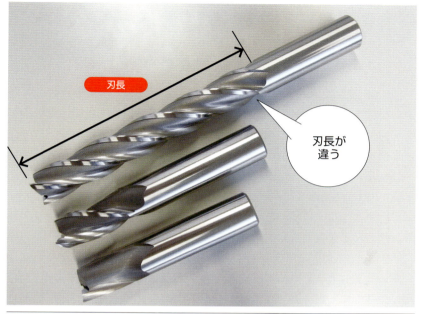

図1.66 刃長の異なるエンドミル

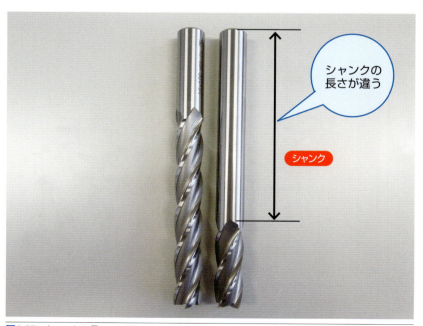

図1.67 シャンクの長いエンドミル

1-16 刃部の材質による分類

図1.68に、エンドミルおよびエンドミル用チップに使用される切れ刃の材質を示します。図に示すように、現在、エンドミルに使用される切れ刃の材質は、炭素工具鋼、合金工具鋼を除く7種類があり、コーティングを含めると11種類あります。この中で、エンドミルの材質として最も多い材質は、「高速度工具鋼」と「超硬合金」の2種類です。

図1.69に、「高速度工具鋼」製と「超硬合金」製のエンドミルを示します。図に示すように、「高速度工具鋼」製と「超硬合金」製のエンドミルは、外観上ほとんど差異がないため目視で区別することは困難ですが、図1.70に示すように、手に持つと判別することができます。つまり、高速度工具鋼の比重は8.0前後に対し、超硬合金の比重は14.0前後であるため、同じ外径のエンドミルであれば、「超硬合金」製は「高速度工具鋼」製よりも重くなります。したがって、エンドミルを手に持ち、重い方が「超硬合金」製、軽い方が「高速度工具鋼」と判別できます。

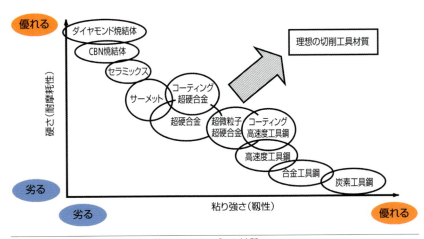

図1.68　エンドミル(切削工具)に使用されるさまざまな材質

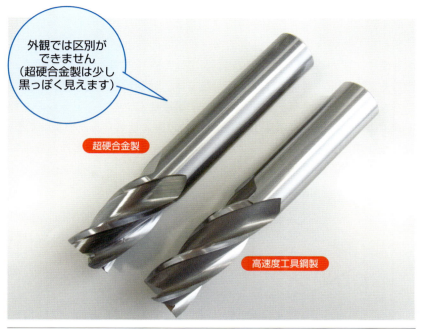

図1.69　高速度工具鋼製と超硬合金製のエンドミル

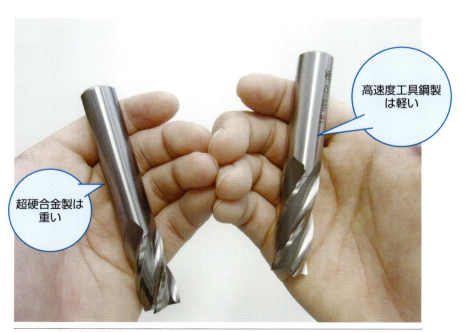

図1.70　高速度工具鋼製と超硬合金製のエンドミルの判別方法

図1.71に、「高速度工具鋼」製と「超硬合金」製のエンドミルを使用して肩削りした場合に得られる側面の送り方向の仕上げ面粗さを模式的に示します。図から、「高速度工具鋼」製では、送り方向の仕上げ面粗さが激しく変動する一方で、「超硬合金」製では、安定した平坦な仕上げ面が得られることがわかります。これは、切削抵抗によるエンドミルのたわみが主因で、「高速度工具鋼」製は「超硬合金」製よりもたわみやすいため、仕上げ面粗さが大きく（悪く）なります。エンドミルの材質とたわみ量の関係は、第3章で詳しく解説していますので参照してください。

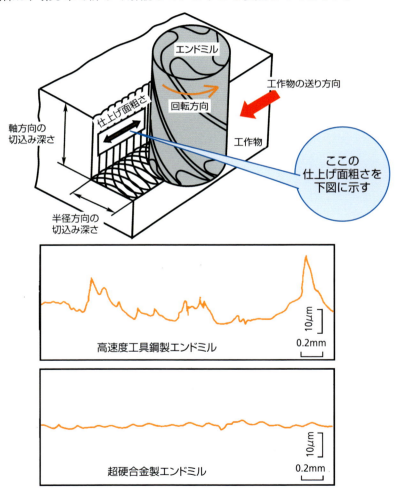

図1.71　高速度工具鋼製と超硬合金製のエンドミルを使用した仕上げ面粗さの違い

1-17 外周すくい角のポジティブとネガティブ

図1.72に、一般的なエンドミル（外周すくい角がポジティブ「プラス」）と外周すくい角がネガティブ（マイナス）のエンドミルを模式的に示します。図に示すように、一般的なエンドミルは外周すくい角（外周刃のラジアルレーキ）がポジティブになっており、切削時、コーナから工作物に侵入するため、切れ刃が工作物に食いつきやすく、切削速度が低い場合でも安定した切削が行えます。

一方、外周すくい角がネガティブ（マイナス）のエンドミルは、切削時、すくい面から工作物に侵入するため、切削速度が低い場合は切れ味が悪く、良好な切削を行うことができません。しかし、切削速度が高い場合は比較的良好な切削が可能で、仕上げ面粗さもよくなります。外周すくい角がネガティブ（マイナス）のエンドミルは、鋳鉄など高硬度な材料の切削に適しています。

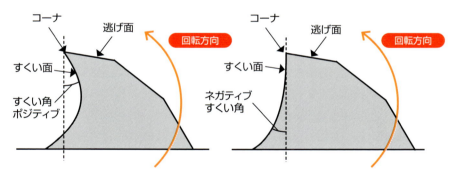

図1.72　外周すくい角の「ポジティブ」と「ネガティブ」

エンドミルの外周すくい角は、エンドミルの中心を境界として図中反時計回りにプラス（ポジティブ）、時計回りにマイナス（ネガティブ）となります。一般的なエンドミルの外周すくい角はプラス（ポジティブ）です。

1-18 コーティングの種類

　図1.73に、コーティングされていない荒削りエンドミルとコーティングされた荒削りエンドミルを比較して示します。コーティングエンドミルは、名前のとおり、エンドミルの母材（高速度工具鋼や超硬合金など）の表面を薄い膜で覆った（コーティングした）エンドミルです。コーティングは、エンドミルの母材である高速度工具鋼や超硬合金の性質を補うことが目的で、コーティングを行うことにより、硬さ（耐摩耗性）、耐凝着性、低摩擦性などの特性を得ることができます。コーティングエンドミルは、コーティングしないエンドミルと比較して、切削能力（工具寿命など）が数十倍に向上した例も報告されています。
　コーティングされていない荒削りエンドミルはボデーの外観が銀色で

図1.73　コーティングエンドミルの一例

す。一方、コーティングされた荒削りエンドミルは、ボデーの外観が金色や黒色をしています。代表的なコーティング材質は、窒化チタン（TiN）、炭化チタン（TiC）、窒化チタンカーバイド（TiCN）、窒化チタンアルミニウム（TiAlN）で、コーティングが1層の場合には、TiNは金色、TiCは銀色～黒色、TiCNは赤紫色～灰色、TiAlNは赤紫色～濃黒色を示します。したがって、コーティングが単層（1層）の場合には、外観色からコーティング材質を判別することが可能です。ただし、近年では、2つ以上の材質がコーティングされた複層コーティングのエンドミルが主流です。

図1.74に、コーティング層の組織写真を示します。なお、コーティング材質には、上記した以外にも非常に多くの材質があり、コーティング材質は現在も開発が進められています。

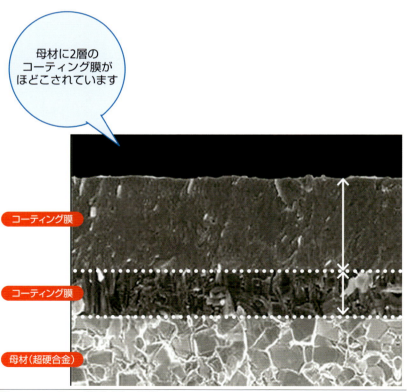

図1.74　コーティング層（2層）の組織

1-19 特殊なエンドミル

図1.75に、特殊な外周刃をもつエンドミルを示します。また、図1.76に、ダイヤモンドを切れ刃にしたエンドミルを示します。両図に示すエンドミルは一般的な生産現場ではあまり見かけることがないエンドミルの一例です。近年では工業製品の高性能化が著しく、これらを構成する部品も高精度なものが求められています。また、新しい工業材料も開発されており、削りにくいものも多くあります。これらの要求や課題に対応するため、JISには規定されていない新しいエンドミルが開発されています。

ひとくちコラム

真っ黒なエンドミル

下図に、真っ黒なエンドミルと一般的なエンドミルを示します。真っ黒なエンドミルは、「ホモ処理」と呼ばれる水蒸気処理（コーティングとは違います）がほどこされたもので、エンドミルの表面が「黒さび」で覆われているため、外観が真っ黒になっています。ホモ処理は高速度工具鋼製のエンドミルにほどこされることが多く、耐溶着性と潤滑性が高くなる効果があります。このため、「ホモ処理」されたエンドミルは、低炭素鋼や熱可塑性プラスチックなど溶着しやすい材質の切削に適しています。

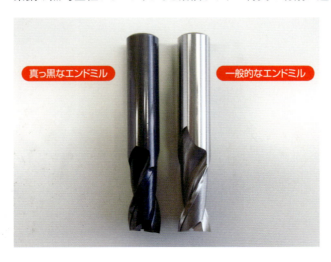

図1.75　特殊な外周刃をもつエンドミル

図1.76　ダイヤモンドを切れ刃にしたエンドミル

ひとくちコラム

コーティングされた切れ刃先端は丸い！

　下図に、コーティングをほどこしたエンドミルの切れ刃の先端を顕微鏡で観察した写真を示します。図から、切れ刃の先端が若干丸みを帯びていることがわかります。コーティングをほどこすことにより、耐摩耗性や耐凝着性、低摩擦性などさまざまな特性を得ることができますが、その反面、切れ刃の先端が丸くなるため、切れ味はいくぶん劣ります。すなわち、切れ味という観点ではコーティング層は薄いほどよいといえます。

（写真提供：SECO・TOOLS）

第2章

切削条件の決め方と考え方

2-1 切削条件とは

図2.1に、エンドミルを使用した肩削りの様子を示します。本書で紹介するエンドミル加工をはじめとして機械加工では、「切削条件」を適切に設定することが大切です。根拠のない、いい加減な切削条件では上手に加工を行うことはできません。図2.1に示すように、エンドミル加工における「切削条件」は、①主軸（エンドミル）の回転数、②送り速度、③切込み深さの3つになります。なお、②の「送り速度」は、「主軸が固定で、テーブルが動く」場合には、「テーブル（工作物）の送り速度」となり、一方、「テーブルが固定で、主軸頭が動く」場合には、「主軸頭（エンドミル）の送り速度」になります。マシニングセンタでは、主軸頭とテーブルの両方が動く構造のものもありますが、一般的なエンドミル加工では、主軸頭（エンドミル）とテーブル（工作物）の両方を動かして行うことはありません。また、③の「切込み深さ」は、図2.1に示すように、「軸方向の切込み深さ」と「半径方向の切込み深さ」の2つの切込み深さがあります。

3つの切削条件のうち、いずれの条件から決めなければいけないというルールはありませんが、一般的には、①主軸（エンドミル）の回転数、②送り速度、③切込み深さという順番で決めます。本章では、上記の順番に従って、エンドミル加工における各種切削条件の考え方と決め方について解説します。

図2.1　エンドミルを使用した肩削りの様子

2-2 主軸回転数の決め方と切削速度の関係

「主軸の回転数」は、「1分間あたりの回転数」で表現されます。たとえば、「1000回転」というと、「1分間に主軸が1000回、回転する」ということになります。したがって、回転数の単位は、1分間の逆数という意味で「min^{-1}」となっています。

ここで、「主軸の回転数」を決める上で最も重要となるのが「切削速度」です。「主軸の回転数」は「切削速度」から計算して求めます。すなわち、「切削速度」がわからないと、「主軸の回転数」を求めることができません。もし、読者の中で「切削速度」がわからないまま「主軸の回転数」を決めているようであれば、ぜひ本稿で覚えるようにしてください。

「切削速度」とは、「エンドミルの外周刃が工作物に接触する瞬間の速さ」、または、「エンドミルの外周刃が1分間に移動する距離(m)」を示す値です。前者は「速度」をそのまま「速さ」と考え、後者は「速度」を「距離／時間」とした考え方です。「切削速度」を理解するためには、両方の考え方を覚えておくとよいでしょう。「切削速度」の単位は「m/min」です。

「切削速度」は、理論的、実験的、経験的な見地から、「エンドミルの

表2.1　切削速度の一例

切削速度 [m/min]

材料＼エンドミルの材質	高速度工具鋼	コーティング高速度工具鋼	超硬合金	超微粒子超硬合金	コーティング超硬合金
炭素鋼　S45C	15～30	25～35	60～80	30～35	60～150
焼入れ鋼　38～45HRC		12～18	40～60	20～25	40～130
焼入れ鋼　45～55HRC					25～100
焼入れ鋼　55～60HRC					20～80
プリハードン鋼　NAK55	15～20	18～25	50～70	25～30	50～150
ステンレス鋼	15～20	20～30			30～70
合金工具鋼　SKD11	8～12	12～18	40～70	20～25	40～150
アルミニウム合金	50～100	50～120	60～300	50～150	60～300
銅合金	25～60	30～70	60～90	35～80	60～300
チタン合金	10～15	10～18	18～35	15～20	18～60
ニッケル合金	4～6	5～8	12～30	12～18	12～30

刃部（切れ刃）の材質」と「工作物の材質」の組み合わせにより、おおむね適当な値が決められています。73頁の**表2-1**に切削速度の一例を示します。表に示すように、たとえば超硬合金製のエンドミルを使用して炭素鋼S45Cを切削する場合には、「切削速度」は60〜80m/minが適当ということになります。なお、表に示す切削速度の数値には幅がありますが、これは切削環境によって変化するためです。基本的には中間の値を選択するとよいでしょう。

さて、「切削速度」から「エンドミルの回転数」を求める計算式は式(1)

$$V = \frac{\pi \times D \times N}{1000} \quad \cdots (1)$$

式を V＝ から N＝ に変換

$$N = \frac{1000 \times V}{\pi \times D}$$

- V ： 切削速度（m/min）
- π ： 円周率（3.14）
- D ： エンドミルの外径（mm）
- N ： 主軸の回転数（min^{-1}）

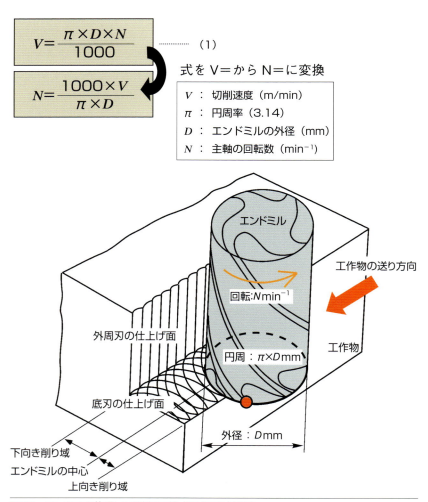

図2.2 エンドミルを使用した肩削りの模式図（下向き削り）

になります。つまり、表2.1から選択した「切削速度」を式(1)に代入して「エンドミルの回転数」を計算します。それでは、なぜ式(1)を使用するとエンドミルの回転数を計算することができるのでしょうか。この疑問は、「切削速度」を「外周刃が1分間に移動する距離(m)」と考えると解けます。

図2.2に、エンドミルを使用した肩削りの模式図を示します。図に示すように、エンドミルの外周刃の先端(赤丸部)に注目します。エンドミルの外径をD(mm)とすると、エンドミルの円周の長さは$π×D$(mm)となります。つまり、エンドミルが1回転すると、赤丸部は円周だけ回転することになるので、エンドミル1回転あたりに外周刃が移動する距離は$π×D$(mm)となります(ただし、通常、エンドミルの切れ刃はねじれているので、切削点はらせん状の動きをするため、エンドミル1回転あたりに切削点が移動する実際の距離は、$π×D$(mm)よりも長くなります。しかしながら、その差はきわめて小さいので、便宜上、$π×D$(mm)としています)。

次に、エンドミルが1分間にN回転(min^{-1})すると仮定すると、外周刃の1分間あたりの移動量は、$π×D$にNを掛けた「$π×D×N$(mm)」となります。換言すると、この値が「切削速度」となります。ここで、「切削速度」の単位は、上記のように、「m/min」ですので、「mm」を「m」に換算するため、式(1)の分母に1000が入っています。

このように、「主軸の回転数」と「切削速度」は式(1)のような関係が成り立ち、この関係を利用して、「切削速度」から「主軸の回転数」を求めます。重要なことは、「切削条件」として「主軸の回転数」を設定しますが、「切削速度」を設定するというのが本来の意味です。さらにいうと、「切削速度(エンドミルの外周刃が工作物に接触する瞬間の速さ)」をいくつに設定するかが重要で、その速度で切削するために「主意の回転数」を設定しているというのが正しい考え方です。ぜひ覚えておいてください。

なお、図2.1に示すように、エンドミルを使用した切削では、「エンドミルの回転方向」と「工作物の運動方向」が平行であるため、「切削速度

ここがポイント！ 回転数の表記を「**rpm**」で示す場合がありますが、現在では、「**min^{-1}**」を使用するのが一般的です。

(切れ刃が工作物に接触する瞬間の速さ)」は、厳密にいうと、「主軸の回転数」と「工作物の送り速度(移動速度)」の相対速度になります。しかしながら、主軸の回転速度に比べ、工作物の送り速度はきわめて小さいため、「切削速度」を考える場合には、便宜上、「工作物の送り速度」をゼロとして考えています。

(1) 主軸回転数の計算例

外径16mmの超硬合金製の四枚刃エンドミルを使用して、炭素鋼S45Cを切削する場合の主軸回転数を求めてみましょう。表2.1から、超硬合金製のエンドミルと炭素鋼S45Cの組み合わせを確認すると、切削速度は60〜80m/minとなっています。そこで、今回は60〜80m/minの中間値である70 m/minと決めます。そして、切削速度 V=70 m/minを式(1)に代入して主軸回転数 N を計算します。

計算の結果、主軸回転数Nは1393.31となりましたので、10の桁を四捨五入して1400min^{-1}に設定すればよいでしょう。

$$N=\frac{1000\times70}{3.14\times16}=1393.31$$

ここがポイント！ 使用するフライス盤によっては、式(1)で得られた回転数と同じ回転数に設定できない場合がありますが、このケースでは、最も近い回転数に設定すればよいでしょう。また、安全作業を優先させたい場合や切削条件に不安がある時には、計算で得られた回転数よりも1つ低い(少し低い)回転数に設定してもかまいません。

粘土のような軟らかいものは機械を使わず人の力で加工する

(2) 切削力と切削速度の関係

　機械加工は、切削工具(切れ刃)を使って工作物の表面を剥ぎ取り、図面に示された形状に創生する加工法です。ここで、切削工具(切れ刃)で工作物の表面を剥ぎ取るためには、「切削力」、つまり、「力(ちから)」が必要です。そして、工作物が金属など硬いものの場合には、たとえば、フライス盤や旋盤のような機械的エネルギーを使って加工を行い、工作物が木材や粘土のような比較的軟らかいものの場合には、左下の絵のように機械を使わなくとも人のエネルギー(力)で加工を行います。

　さて、物理の教科書を開くと、「運動の第二法則」として、式(2)が紹介されています。この式は「運動方程式」と呼ばれる式で、「力」は「質量」と「加速度」の積で表せることを示しています。ここで、「加速度」は、式(3)で示すように、「単位時間あたりの速度の変化量」のことですので、「加速度」の原点は「速度」といえます。すなわち、式(2)と(3)から導かれる結論は、「力」の原点は「速度」ということです。つまり、「切削力」の原点は「切削速度」ということになります。

　このことから、機械加工を行うための「切削力」を得るためには、適当な「切削速度」が必要であると同時に、「切削速度」は機械加工を行う上で最も重要な条件であることがわかります。

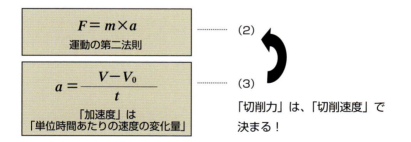

「切削力」は、「切削速度」で決まる！

(3) 切削速度と切削温度の関係

　図2.3に、切削速度と切削温度の関係を示します。先に述べたように、切削速度とは、「エンドミルの外周刃が工作物に接触する瞬間の速さ」、または、「エンドミルの外周刃が1分間に移動する距離(m)」と考えることができます。まず、前者の観点から切削速度と切削温度の関係について考えます。切削速度をVとすると、図に示すように、切れ刃のもつ運動エネルギーは$1/2mV^2$となります。つまり、切れ刃は$1/2mV^2$のエネ

ギーで、工作物を剥ぎ取り、切りくずを生成して切削を行うことになります。このとき、切れ刃が持つ運動エネルギーの大部分は切りくずの生成（塑性変形）と摩擦による熱エネルギーに変換されます。すなわち、運動エネルギーが大きいほど熱エネルギーも大きくなる、換言すると、切削速度が高いほど切削温度も高くなります。

次に、後者の観点から切削速度と切削温度の関係について考えます。切削速度は、「外周刃が1分間に移動する距離」ですから、切削速度が高いほど、外周刃はエンドミルの外径円周状を多く回転することになります。つまり、切削速度が高いほど、外周刃は工作物との接触回数（長さ）が増加し、これにともない摩擦熱も上昇することになります。したがって、切削速度が高いほど切削温度も高くなります。

このように、切削速度と切削温度は相関関係にあるので、切削速度を高くする場合には切削温度を抑制、低下させるために切削油剤の供給を行うなどの対策が必要です。切削温度が高くなると切れ刃が軟化し、摩耗の進行が早くなります。

なお、切りくずの生成（塑性変形）と摩擦が発生する領域は、図2.3に示すⅠ、Ⅱ、Ⅲの領域です。

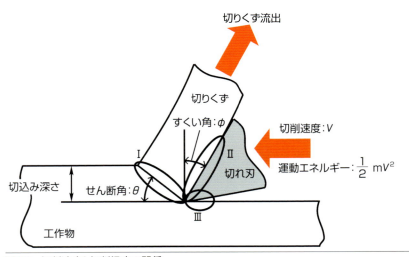

図2.3　切削速度と切削温度の関係

(4) 切削速度と切りくず厚さの関係

図2.4に、2次元切削におけるすくい角と切りくず厚さの関係を模式的に示します。「切りくず厚さ」は切削工具の切れ味を評価する指標の1つで、薄いほど切れ味がよいという評価ができ、図に示すように、すくい角をプラス方向に大きくすると、切りくず厚さは薄くなります。なお、2次元切削における「すくい角」は、エンドミルの場合、「ねじれ角」および「外周すくい角」に相当します。

図2.5に、2次元切削における切削速度と切りくず厚さの関係を模式的に示します。図から、すくい角が同じ場合でも、切削速度により切りくず厚さが異なり、切削速度が低い場合には切りくず厚さが厚くなり、切削速度が高い場合には切りくず厚さは薄くなることがわかります。これは、切りくずを変形させるひずみ速度（ひずみの時間的割合）が切削速度に比例することに起因し、切削速度が高いほど切りくずの変形が少な

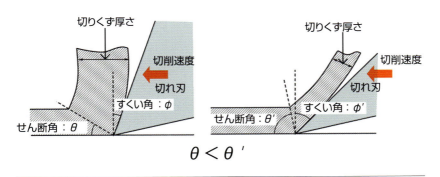

図2.4 2次元切削におけるすくい角と切りくず厚さの関係

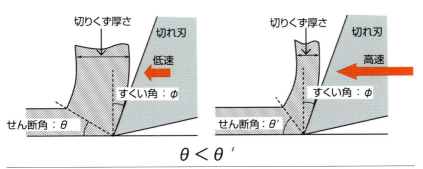

図2.5 2次元切削における切削速度と切りくず厚さの関係

くなるためです。つまり、切削速度が高いほど、切れ味がよいということになります。このことからも切削力の原点は切削速度ということが確認できます。また、切りくずの変形が少ないことは、換言すると切削抵抗が小さいことになるので、切削速度が低い場合よりも高い方が加工精度や仕上げ面粗さもよくなる傾向にあります。

> ひとくちコラム

破損したエンドミル

　下図に破損したエンドミルを示します。図に示すような外径の大きい(太い)エンドミルでも過度な切削条件で使用すると、破損します。もちろん、作業ミスでエンドミルを工作物に衝突させたときなども破損します。破損したエンドミルが作業者に向かって飛んでくることもあるので、作業中の保護めがね、帽子の着用は必須です。

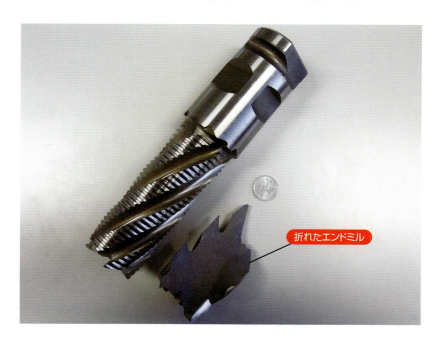

折れたエンドミル

2-3 送り速度の考え方と決め方

「送り速度」は、主軸が固定され、テーブルが運動する場合には「工作物の送り速度」となり、テーブルが固定され、主軸が運動する場合には「エンドミルの送り速度」になります。主軸と工作物を両方とも運動するような加工は一般には行われません。エンドミル加工における「送り速度」は、「1分間あたりの送り量（移動距離：mm）」で表現され、単位は「mm/min」です。

図2.6に、エンドミルを使用した肩削りの模式図を示します。なお、本図では、エンドミル（主軸）が固定され、工作物が運動する様子を示します。図に示すように、エンドミルを使用した肩削りで得られる仕上げ面には、側面および底面ともに切れ刃による切削痕（条痕）が残存します。この切削痕は「1刃あたりの送り量」に起因し、1刃あたりの送り量を小さくすると切削痕の間隔は小さくなり、一方、1刃あたりの送り量を大

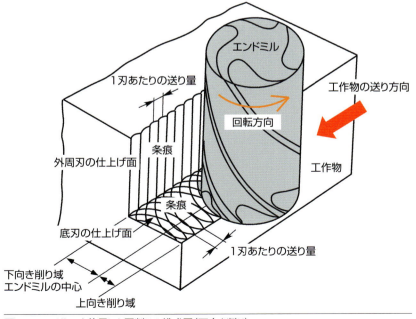

図2.6　エンドミルを使用した肩削りの模式図（下向き削り）

きくすると切削痕の間隔は大きくなります。すなわち、「送り速度」の基本は、「切れ刃1刃あたりの送り量」であり、「送り速度」は「切れ刃1刃あたりの送り量」に基づいて計算で求めます。

「切れ刃1刃あたりの送り量」は、エンドミルの材質や外径、刃数、外周刃の形状などによって異なるため適当な値を表示するのは難しいですが、荒加工、中仕上げ加工、仕上げ加工など切削の目的に合わせておおむね適当な値が見出されています。

表2.2に、切れ刃1刃あたりの送り量の一例を示します。表に示すように、例えば、炭素鋼S45Cを仕上げ加工する場合には、「切れ刃1刃あたりの送り量」を0.025～0.05mm/刃に設定します。表から、荒加工と仕上げ加工の切れ刃1刃あたりの送り量を比較すると、荒加工が仕上げ加工よりも大きいことが確認できます。つまり、荒加工では能率よく加工することが目的であるため、「切れ刃1刃あたりの送り量」を大きくします。一方、仕上げ加工では平滑な仕上げ面を得ることが目的であることから、仕上げ面に発生する切削痕の間隔を小さくすることが肝要となるため、「切れ刃1刃あたりの送り量」を小さくします。

なお一般的な傾向として、刃数が少ないエンドミル、あるいは荒加工用エンドミルを使用する場合には、切りくずの排出性がよくなることから、切れ刃1刃あたりの送り量を若干大きくすることができます。刃長が長いエンドミルを使用するの場合には、曲げ剛性が低く、たわみが生じやすいので、切れ刃1刃あたりの送り量を小さくします。

さて、「1刃あたりの送り量」から「送り速度」を求める計算式は式(4)になります。したがって、表から選択した「切れ刃1刃あたりの送り量」を式(4)に代入して「送り速度」を計算します。それではなぜ式(4)から「送り速度」を計算することができるのでしょうか。

表2.2 「切れ刃1刃あたりの送り量」の一例

1刃あたりの送り量 [m/刃]

材料＼加工の目的	荒加工	中仕上げ加工	仕上げ加工
炭素鋼	0.075～0.1	0.04～0.075	0.025～0.05
焼入れ鋼 38～45HRC	0.15	0.05～0.075	0.05～0.1
ステンレス鋼	0.075	0.05～0.075	0.025～0.05
アルミニウム合金	0.15～0.25	0.05～0.075	0.025～0.05

$$F = f \text{ (mm/刃)} \times Z \text{ (刃数)} \times N \text{ (min}^{-1}\text{)} \qquad \cdots\cdots (4)$$

- F： 送り速度（mm/min）
- f： 1刃あたりの送り量（mm/刃）
- Z： エンドミルの刃数（刃）
- N： 主軸の回転数（min^{-1}）

図2.7に、図2.6で示した肩削りを外周刃の切削点に注目して描いた模式図を示します。図の斜線箇所が外周刃1刃によって削り取られる部分を示します。図からわかるように、「1刃あたりの送り量（mm/刃）」は図中fで示され、「1刃あたりの送り量（mm/刃）：f」に「エンドミルの刃数：Z」を掛けることにより、「エンドミル1回転あたりの送り量（移動量）：$f \times Z$」を計算することができます。そして、この値に、「エンドミルの回転数（min^{-1}）」を掛けると、「1分間あたりの送り量（mm/min）」、つまり、「送り速度（mm/刃）」を求めることができ、この過程を数式で表すと式(4)になります。

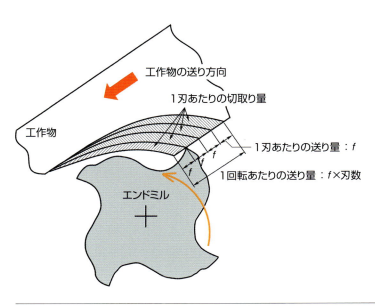

図2.7　肩削りを外周刃の切削点に注目して描いた模式図

このように、「送り速度」と「切れ刃1刃あたりの送り量」には、式(4)のような関係が成り立ち、この関係を利用して、「1刃あたりの送り量（mm/刃）」から「送り速度（mm/刃）」を求めます。

なお、「1刃あたりの送り量」は、前述のように、切削の目的により表2.2から適当に選択してもよいのですが、「1刃あたりの送り量」は、外周刃で切削した側面の仕上げ面粗さに直接影響するため、図面で要求される仕上げ面粗さが得られるような「1刃あたりの送り量」を計算し、「送り速度（mm/min）」を設定するというのが最も正しい考え方です。外周刃で切削した側面の仕上げ面粗さと1刃あたりの送り量の関係に関する詳細な説明は次項(2)で解説していますので参照してください。

(1) 送り速度の計算例

外径16mmの超硬合金製の四枚刃エンドミルを使用して、炭素鋼S45Cを荒加工する場合の送り速度を求めてみましょう。表2.2から、炭素鋼S45Cを荒加工する場合の1刃あたりの送り量は0.075〜0.1mm/刃であることが確認できます。そこで今回は0.1mm/刃と決めます。1刃あたりの送り量f=0.1mm/刃を式(4)に代入して送り速度Fを計算します。なお、式からわかるように、送り速度を計算するためには、あらかじめ主軸回転数を求めておく必要があります。今回の例では、74頁の式(1)で求めたように、主軸回転数は1400min^{-1}となります。

計算の結果、送り速度Fは560m/minとなります。

$$F = 0.1 \times 4 \times 1400 = 560$$

ここがポイント 安全作業を優先させたい場合や、切削条件に不安がある場合には、計算で得られた送り速度よりも少し遅い送り速度に設定してもかまいません。

(2)「1刃あたりの送り量」と「外周刃で切削した仕上げ面」の関係

図2.8に、エンドミル加工における1刃あたりの送り量と外周刃で切削した仕上げ面の模式図を示します。図から、外周刃で切削した仕上げ面は、エンドミルの外径を転写させたような模様になることがわかります。さらに、エンドミルの干渉部には削り残しが発生することが確認で

き、この干渉による山の高さが仕上げ面の理論的な「最大高さ」に相当します。したがって、図2.8（b）に示すように、1刃あたりの送り量を小さくして、エンドミルの干渉を密にし、切削痕の干渉高さを小さくすることにより、送り方向の仕上げ面粗さを小さくすることができます。

ここで、切削痕の干渉高さHは、図2.9に示す模式図から幾何学的に求めることができ、式（5）で表すことができます。式から、切削痕の干

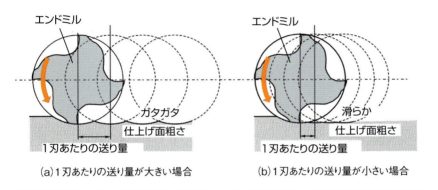

図2.8 1刃あたりの送り量と外周刃で切削した仕上げ面の模式図

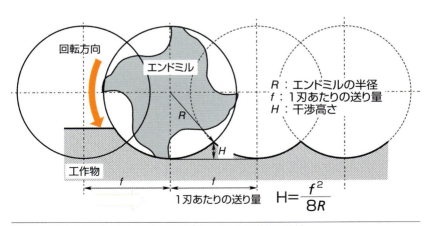

図2.9 1刃あたりの送り量と側面の仕上げ面粗さの幾何学的な関係

渉高さは、「エンドミルの外径」と「1刃あたりの送り量」に依存することが確認でき、干渉高さを小さくするには、上記のとおり、1刃あたりの送り量」を小さくする、あるいは、「エンドミルの外径」を大きくすることにより可能であることがわかります。

$$H = \frac{f^2}{8 \times r}$$ ……………(5)

H： 切削痕の干渉高さ（mm）
f： 1刃あたりの送り量（mm/刃）
r： エンドミルの半径（mm）

(3)1刃あたりの送り量と工具寿命の関係

図2.10に、1刃あたりの送り量と逃げ面摩耗を評価基準とした工具寿命の関係を模式的に示します。図に示すように、同じ切削距離における逃げ面摩耗幅を比較すると、1刃あたりの送り量が0.05mmの場合に最も大きく、1刃あたりの送り量が0.2mmの場合に最も小さいことがわかります。すなわち、1刃あたりの送り量が大きいほど、逃げ面摩耗が抑制され、工具寿命が長くなる傾向を示すことがわかります。

これは、切削体積（距離）が同じ場合、1刃あたりの送り量が大きいほど切れ刃と工作物の接触回数が少なくなるため、切れ刃の摩耗が抑制されることに起因すると考えられます。ただし、1刃あたりの送り量を過剰に大きくすると、切取り厚さ（切りくず厚さ）が大きくなるため、切削抵抗が極端に増大し、切れ刃に欠損やチッピングが生じやすく、振動も大きくなるので注意が必要です。なお、切取り厚さについては次項で解説していますので参照してください。

ここがポイント！ 一定の範囲では、1刃あたりの送り量を大きくすると工具寿命は長くなります。しかし、1刃あたりの送り量を大きくすると、外周刃で仕上げる送り方向の仕上げ面粗さは悪くなります。つまり、「工具寿命」を優先すると「仕上げ面粗さ」が悪くなり、「仕上げ面粗さ」をよくしようとすると「工具寿命」が短くなり、工具費が高くなります。なかなか難しいですね。

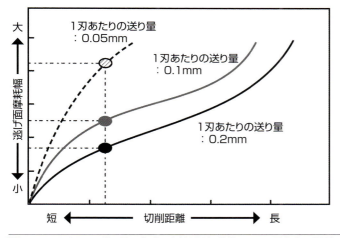

図2.10 1刃あたりの送り量と逃げ面摩耗を評価基準とした工具寿命の関係

ひとくちコラム

ミスト供給

　機械加工も省エネ、環境保護の視点から切削油剤のミスト供給が促進しています。海外では、切削油剤を使用せず、冷風を使った加工も開発されています。

（写真提供：SECO・TOOLS）

②-④ 切込み深さの考え方と決め方

図2.11に、エンドミルを使用した肩削りの模式図を示します。図に示すように、「切込み深さ」とは、エンドミルが工作物に食い込む量を示し、単位は「mm」です。また、図からわかるようにエンドミル加工における「切込み深さ」は、「軸方向の切込み深さ」と「半径方向の切込み深さ」の2つあります。

「切込み深さ」の設定は、仕上げ面粗さ、加工精度、工具寿命、加工能率、切削動力、工作機械の動力などさまざまな用件を考慮し、総合的に判断して設定しなければならない難しい切削条件です。特に「半径方向の切込み深さ」は、仕上げ面粗さ、加工精度、工具寿命に大きく影響するため、適切に設定するには理論的な考察と経験的知識が必要となります。

一方、「軸方向の切込み深さ」は、「半径方向の切込み深さ」と比べて切削現象に及ぼす影響は小さいので、切削動力や加工能率を指針として設

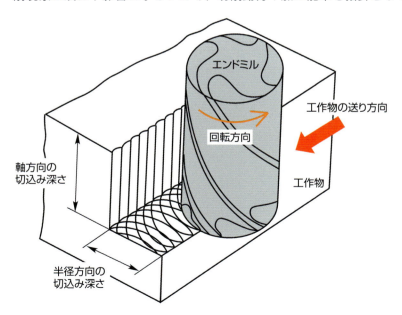

図2.11　肩削りにおける「軸方向の切込み深さ」と「半径方向の切込み深さ」（下向き削り）

定します。

以下では、「半径方向の切込み深さ」と「軸方向の切込み深さ」の考え方と求め方について解説します。

(1) 切取り厚さ(「半径方向切込み深さ」と「1刃あたりの送り量」の関係)

図2.12に、1刃あたりの切取り量を3次元で示します。図に示すように、1刃の外周刃が工作物を削り取る2次元的な量は図中の斜線部で表すことができます。そして、斜線部の任意の厚さを「切取り厚さ」といい、最も大きい厚みを「最大切取り厚さ」といいます。

90頁の図2.13に、エンドミルの外周刃が工作物を切削する2次元的な様子を模式的に示します。図2.13に示す(a)と(b)は、「1刃あたりの送り量：f」が同じで、「半径方向の切込み深さ：d」が異なる場合を示しており、(a)は半径方向の切込み深さが大きいとき、(b)は半径方向の切込み深さが小さいときを示しています。両図を比較すると、「半径方向の切込み深さ：d」によって「最大切取り厚さ：h_{max}」が変化することが確認でき、(a)では「最大切取り厚さ：h_{1max}」が大きく、(b)では「最大切

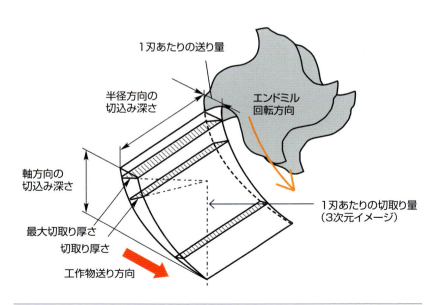

図2.12 外周刃が工作物を削り取る3次元イメージ

取り厚さ：h_{2max}」が小さくなることがわかります。つまり、「1刃あたりの送り量：f」が同じ場合には、半径方向の切込み深さが大きいほど、最大切取り厚さが大きくなるといえます。

また、(a)と(c)は、「半径方向の切込み深さd」が同じで、「1刃あたりの送り量：f」が異なる場合を示しており、(a)は1刃あたりの送り量が大きいとき、(c)は1刃あたりの送り量が小さいときを示しています。

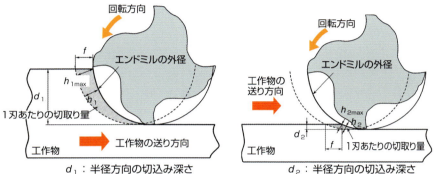

(a) 半径切込み深さが大きい場合　　　　　(b) 半径切込み深さが小さい場合

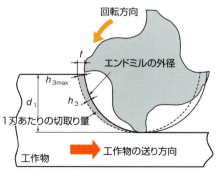

(c) 1刃あたりの送り量が小さい場合

図2.13　外周刃が工作物を削り取る2次元イメージ

両図からわかるように、(a)では「最大切取り厚さ：h_{1max}」が大きく、(b)では「最大切取り厚さ：h_{3max}」が小さくなることがわかります。すなわち、「半径方向の切込み深さd」が同じ場合には、1刃あたりの送り量が大きいほど、最大切取り厚さが大きくなるといえます。

以上から、「半径方向の切込み深さ」と「1刃あたりの送り量」の両者は、「最大切取り厚さ」に影響し、両者の組み合わせによって最大切取り厚さが異なります。

最大切取り厚さは、切削現象との関連性が高く、その値が過度に大きい場合には、切削抵抗が大きくなり、加工精度、仕上げ面粗さが低下し、一方、その値が過度に小さい場合には、切れ刃が工作物に食い込まず滑り（まさつ）が生じ、工具寿命の低下やびびり、加工硬化が生じやすくなります。したがって、「半径方向の切込み深さ」は、最大切取り厚さを十分に考慮し、「1刃あたりの送り量」との兼ね合いによって適当な大きさになるように設定することが重要です。

(2)「半径方向切込み深さ」と「空転時間」の関係

図2.14に、側面削りにおける「半径方向の切込み深さ」と「空転時間」の関係を示します。図に示すように、エンドミルの側面削りでは、1刃の外周刃に注目すると、外周刃が工作物に接触している（切削している）「切削時間」と切れ刃が工作物に接触していない（切削していない）「空転時間」に分けることができます。切れ刃が工作物に接触していない「空転

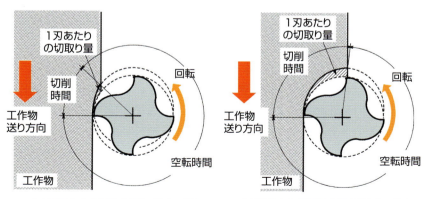

(a) 半径方向の切込み深さが小さい場合　　(b) 半径方向の切込み深さが大きい場合

図2.14 側面削りにおける「半径方向の切込み深さ」と「空転時間」の関係

時間」は、切削油剤を供給する湿式切削の場合には、切れ刃が切削油剤により水冷され、切削油剤を供給していない乾式切削の場合には、切れ刃が空冷される時間になります。つまり、切削時間は労働時間、空転時間は休み時間といえます。

　ここで、図2.14からわかるように、「半径方向の切込み深さ」によって「切削時間」と「空転時間」の割合が変化し、「半径方向の切込み深さ」が大きいほど、1回転あたりにおける「切削時間」の割合が増え、空転時間の割合が減ります。このため、「半径方向の切込み深さ」が大きい場合には、切れ刃の寿命は短くなる傾向にあり、一方、「半径方向の切込み深さ」が小さい場合には、切れ刃の寿命は長くなる傾向にあります。

　また、図2.14および図2.12から、「半径方向の切込み深さ」が大きくなると、1刃あたりの切取り量が大きくなることわかります。1刃あたりの切取り量が大きくなると、体積あたりの表面積が小さくなるため、切削により発生する熱が切りくずに伝わりにくい分、余計に切れ刃に伝わってしまいます。このことも、切れ刃の寿命（工具寿命）が低下する1つの要因です。

　以上のように、「半径方向の切込み深さ」を設定する場合には、「切削時間」と「空転時間」の関係、および1刃あたりの切取り量による切削熱の流入割合を考慮することが大切です。

(3) 溝切削における半径方向切込み深さ

　図2.15に、エンドミルによる溝削りの様子を示します。図に示すように、溝削りでは、「半径方向の切込み深さ」がエンドミルの外径と等しくなり、「半径方向の切込み深さ」としては最大となります。また、「切削時間」と「空転時間」は同じとなるため、外周刃は1回転中、半周切削し、半周空転することになります。ただし、溝削りの場合、エンドミルの送り方向の左右は側面壁で拘束されるため、空転による冷却効果は側面削りほど得られません。また、底刃は切削に直接寄与しませんが、工作物と常に擦れる状態であるため、摩擦による熱的損傷が進行しやすくなります。

　さらに、図からわかるように、溝削りは拘束状態であることから切りくずの排出性が悪いことに加え、切りくずの噛み込みが生じやすく、切れ刃の欠損が問題になります。したがって、溝削りでは、切削油剤や圧縮エアー、刷毛(はけ)を使用して切削点に切りくずを溜めないよう対策を講じ

ることが重要で、「切削速度」および「1刃あたりの送り量」も低めに設定することが肝要です。

ただし近年では、第1章で解説したように荒加工用エンドミル（ラフィングエンドミル）の性能が高くなっていることから、溝削りは従来ほど難しい加工ではなくなっています。

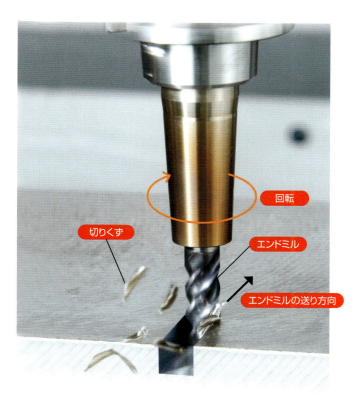

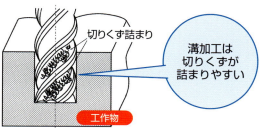

図2.15 エンドミルを使用した溝削りの様子と模式図

(4) 切削断面積と1分間あたりの切削体積

　図2.16に、エンドミルを使用した肩削りにおける切削断面積と1分間あたりの切削体積を模式的に示します。図に示すように、肩削りでは、「半径方向の切込み深さ（mm）」と「軸方向の切込み深さ（mm）」を掛けることにより、「切削断面積（mm^2）」を計算することができます。そして、式（6）に表すように、「切削断面積（mm^2）」に「送り速度（mm/min）」を掛けることにより、「1分間あたりの切削体積（mm^3/min）」を求めることができます。切削条件から1分間あたりの切削体積を計算し、加工能率を考慮することは大切です。特に、コストを重視する企業のエンジニアとしては必須の考え方です。

$$V = Ad \times Rd \times F \quad \cdots\cdots (6)$$

V ： 1分間あたりの切削体積（mm^3/min）
Ad ： 軸方向の切込み深さ（mm）
Rd ： 半径方向の切込み深さ（mm）
F ： 送り速度（mm/min）

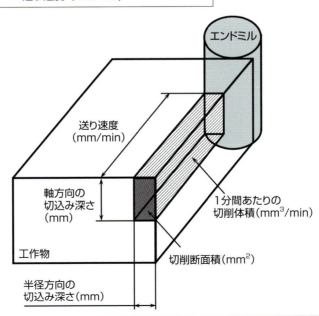

図2.16　肩削りにおける切削断面積と1分間あたりの切削体積

「1分間あたりの切削体積 (mm³/min)」を大きくすることで加工能率を高くすることが可能ですが、これまで解説してきたように、加工精度や工具寿命、切削抵抗、切削動力の制約から、「半径方向の切込み深さ (mm)」、「軸方向の切込み深さ (mm)」、「送り速度 (mm/min)」の各種条件を過剰に大きくすることはできませんので、加工能率には限界があります。なお、切削動力について次項で解説します。

(5) 切削動力と工作機械の所要動力

「動力」とは、「単位時間あたりの仕事量」を意味する言葉で、「切削動力」とは、「切れ刃が工作物を切りくずとして剥ぎ取るために必要なパワー」を意味します。簡単にいえば、「切削に必要なパワー」ということです。

式(7)に、「切削動力」の計算式を示します。式から、「切削動力」は、前述した「1分間あたりの切削体積 (mm³/min)」に比例することがわかります。すなわち、大きな体積を削るためには大きなパワーが必要ということになります。そして、式中に示す Ks は、工作物の削り難さを表す値で、工作物の材質によって変化する値です。Ks は「比切削抵抗」と呼ばれ、単位は「MPa=N/mm²」です。単位からわかるように、単位面積を削るために必要な力(N：ニュートン)を示し、比切削抵抗の値が大きいほど、削り難い(力が必要)ということになります。参考として次項の表2.3に、各種工作物材質の比切削抵抗の一例を示します。

$$Ne = \frac{Ad \times Rd \times F \times Ks}{60 \times 10^6} \quad \cdots\cdots (7)$$

- Ne ： 切削動力 (KW)
- Ad ： 軸方向の切込み深さ (mm)
- Rd ： 半径方向の切込み深さ (mm)
- F ： 送り速度 (mm/min)
- Ks ： 比切削抵抗 (MPa=N/mm²)

※ワット (W) は (J/s) を変換した単位です。さらに、ジュール (J) は、(N・m) を変換した値です。切削動力の単位は、一般に、(KW) を使用するため、単位の換算値として、式中分母に 60×10^6 が入っています。なお、「60」は、分 (min) から秒 (s) への換算、「10^6」はミリメートル (mm) からメートル (m) への換算です。

さて、「工作機械」に観点を移します。フライス盤やマシニングセンタには主軸を回転させるためのモータが内蔵されており、このモータが持つパワーを「所要動力」と呼びます。

ここで重要なことは、上記した切削に必要なパワーである「切削動力」と使用する工作機械の「所要動力」を把握し、「切削動力」が「所要動力」を

超過しないように考えることです。つまり、式(8)に示すように、「切削動力」は必ず「所要動力」以下でなければいけません。これは、過酷な仕事を力の小さな子供に課することと同じことで、万一、「切削動力」が「所要動力」を超えると、モータに過電流が流れ、モータが焼きつき、故障の原因になります。

$$切削動力 \leqq 所要動力 \qquad (8)$$

そして、もう1つ需要なことがあります。工作機械に内蔵されているモータの動力(パワー)は、主軸の空転運動やベルト、歯車などの伝達運動に約20%程度消費されるため、切削に費やせる動力は所要動力の約80%になります。すなわち、切削に費やせる動力は所要動力の約80%ということになり、所要動力に0.8を掛けた値を一般に「許容動力」と呼んでいます(式(9)参照)。したがって、説明を改めると、式(9)に示すように、「切削動力」は「許容動力」以下になるように設定することが大切です。

表2.3 各種工作物材質の比切削抵抗($MPa=N/mm^2$)

工作物の材質	硬さ	1刃あたりの送り量と比切削抵抗(MPa)				
		0.1 (mm/刃)	0.2 (mm/刃)	0.3 (mm/刃)	0.4 (mm/刃)	0.5 (mm/刃)
鉄鋼 (S20C、SS400など)	120HBW	1980	1800	1730	1600	1570
鉄鋼 (S50Cなど)	20HRC	2180	1980	1860	1730	1620
合金工具鋼 (SKD11など)	56HRC	4830	4620	4500	4400	4250
合金鋼 (SCM440、SNCM439など)	32HRC	2260	2030	1940	1800	1690
ねずみ鋳鉄 (FC200など)	180HBW	1710	1430	1280	1100	1000
球状黒鉛鋳鉄 (FCD600など)	200HBW	2000	1700	1550	1400	1290
ステンレス鋼・チタン合金 (SUS304など)	200HBW	2030	1970	1900	1770	1710
アルミニウム合金 (A5056など)	90HBW	580	480	400	350	320
銅合金 (C2600など)	100HBW	1120	955	839	730	655

※硬さ、比切削抵抗値は一例です

$$\boxed{\text{切削動力} \leq \text{許容動力}} \quad \cdots\cdots (9)$$

ただし、許容動力＝切削動力 ×0.8

　式(7)に示すように、「切削動力」は、「1分間あたりの切削体積(mm³/min)」に比例することから、「半径方向の切込み深さ(mm)」、「軸方向の切込み深さ(mm)」、「送り速度」を設定する基準の1つといえます。つまり、使用する工作機械の「許容動力」を超えない「切削動力」になるよう切削条件を設定することが肝要です。

(6)超硬合金製エンドミルを使用した高速切削の考え方

　加工能率を高くするためには、「1分間あたりの切削体積」を大きくすることで可能になります。しかし、「半径方向の切込み深さ」、「軸方向の切込み深さ」、「送り速度(1刃あたりの送り量)」を過剰に大きくすると、切削抵抗が増大するため、加工精度や工具寿命、切削動力の制約から過剰に大きくすることはできません。また「送り速度」は、83頁の式(4)に示したように、「切削速度(主軸の回転数)」に比例するため、「切削速度(主

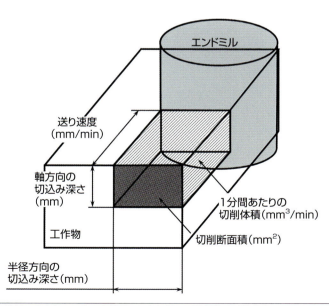

図2.17　外径の大きなエンドミルを使用した高切込み・低速送りの模式図

軸の回転数）」を高くすることにより大きくすることができますが、切削速度を高くすると切削温度が上昇するため、高温で硬さが低下する高速度工具鋼製のエンドミルを使用する場合には、切削温度の観点から「切削速度（主軸の回転数）」を高くすることはできません。

　そこで、従来では、加工能率を高くする方法として、97頁の図2.17に示すように、外径の大きなエンドミルを使用することにより、主として、「半径方向の切込み深さ」と「1刃あたりの送り量」を大きくする試みが行われていました。これは、外径の大きなエンドミルを使用することで、曲げ剛性が高くなり、切削抵抗によるたわみを低減でき、加工精度

ここがポイント！ 超硬合金製のエンドミルは、切削温度が1000℃程度まで使用できる一方、高速度工具鋼製のエンドミルは550℃程度までしか使用することができません。高速度工具鋼は高温になると硬さが低下します。

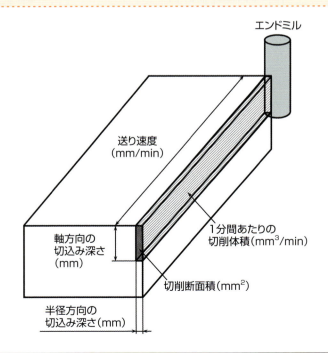

図2.18　超硬合金製エンドミルを使用した低切込み・高速送りの模式図

の低下を抑制することができるためです。

　しかし近年では、高温でも硬さがほとんど低下しない超硬合金製のエンドミルや耐熱性の強いコーティングをほどこした高速度工具鋼製のエンドミルが多用され、「切削速度（主軸の回転数）」を高くできるようになりました。これにともない、「送り速度」も比例して速くできるため、現在では、図2.18に示すように、「半径方向の切込み深さ」を小さくし、「送り速度」を速くする「低切込み・高速送り」の切削条件が主流となっています。このような切削を一般に「高速切削」と呼んでいます。高速切削では、「半径方向の切込み深さ」や「1刃あたりの送り量」を大きくするわけではないので、切削抵抗が極端に大きくなることはありません。なお、研究報告では、600m/minを超えるような超高速の切削速度では、工具寿命が延びるという事例もあります。

ひとくちコラム

深彫り加工

　下図に、極細・極長のエンドミルを使用した深彫り加工の様子を示します。極細・極長のエンドミルは、曲げ剛性が低く（たわみやすく）、主軸の高速回転による先端振れも大きくなるため、切削条件の選定と段取りが非常に難しく、さらに深彫り加工を実現するためにはノウハウが必要です。日本のものづくりの強みは、このような難しい加工を行えるノウハウをもっていることであり、ノウハウを継承することが国際間競争に勝ち続ける手段といえます。ノウハウを有しているのは、工作機械ではなく、工作機械を操作する技術者・技能者です。

(7) 最適な軸方向の切込み深さ

図2.19に、「軸方向の切込み深さ」と「外周刃の最大接触長さ」の関係を示します。図に示すように、「軸方向の切込み深さ」の違いにより外周刃と工作物の最大接触長さ（切削に寄与する外周刃の最大長さ）が異なり、「軸方向の切込み深さ」に比例して、外周刃と工作物の最大接触長さは長くなることがわかります。

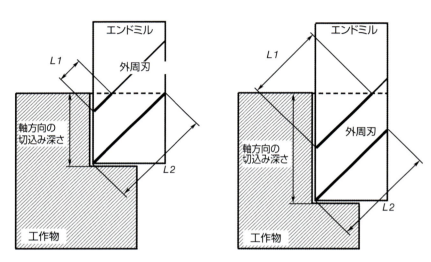

図2.19　軸方向の切込み深さと外周刃の最大接触長さの関係

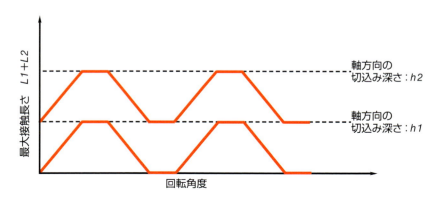

図2.20　回転角度と外周刃の最大接触長さの関係

同様に、エンドミル加工では、エンドミルの外径、刃数、ねじれ角によっても外周刃と工作物の最大接触長さが異なります。ただし、使用するエンドミルの外径、刃数、ねじれ角があらかじめ決まっている場合には、図2.20に示すように、外周刃と工作物の接触する最大接触長さがエンドミルの回転角度にかかわらず、常時一定になる「軸方向の切込み深さ」が存在し、その値は幾何学的に計算できます。実際に、計算された「軸方向の切込み深さ」で切削を行うことにより、切削抵抗の変動が小さくなり、加工精度、仕上げ面粗さ、工具寿命が向上したという報告があります。しかしながら、多刃でねじれ角をもつエンドミルの切削メカニズムは非常に複雑であるため、上記のような幾何学的見地から「軸方向の切込み深さ」を設定するのは困難です。

　加工現場において「軸方向の切込み深さ」を設定する場合には、主として、切削動力、びびり、加工精度を評価基準として適宜設定することになります。また、「軸方向切込み深さ」の最大値は、切削条件や切削環境によっても異なりますが、一般的にはエンドミルの外径と言われています。つまり、外径20mmのエンドミルを使用する場合の「軸方向切込み深さ」の最大値は20mmということになります。

ここがポイント

エンドミル加工は、多刃による断続切削で、さらに、エンドミルの回転角度によって外周刃と工作物の接触長さが異なるため、切削抵抗の変動と変化が大きく、良好な加工精度や仕上げ面粗さを定量的に得るのが大変難しい加工です。特にねじれ角が大きなエンドミルでは、同時に切削する刃数が2枚以上になり、加工現象を把握するのはきわめて困難です。ただし、外周刃と工作物の干渉を幾何学的にみれば、エンドミルの回転角度にかかわらず、切削中の最大接触長さが常に一定になる「軸方向切込み深さ」が存在します。

実際の加工現場では、このような幾何学的見地から「軸方向の切込み深さ」を設定するのは困難ですが、「最大接触長さ」という考え方があることは知っておいてください。「最大接触長さ」は、エンドミル加工を行ううえで知っておきたい必須知識の1つです。

> ひとくちコラム

コーナ部のびびり

エンドミルを使用したコーナ部の加工では、下の模式図に示すように、直交する外周刃が工作物に接触するため、びびりが生じやすくなります。

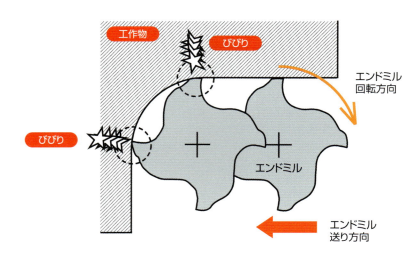

第3章 知っておくべき切削特性

3-1 エンドミルに作用する切削トルクと切削抵抗

図3.1に、右刃・右ねじれ刃のエンドミルを使用して側面削りした場合に作用する切削抵抗を模式的に示します。図に示すように、右刃・右ねじれ刃のエンドミルを使用して側面削りした場合には、切削トルクと工作物からエンドミルに向かって3つの方向に切削抵抗が作用します。以下に、切削トルクと各切削抵抗について簡単に示します。

切削トルク……エンドミルの回転方向と逆向きにエンドミルをねじるように作用する力
軸方向分力……チャックからエンドミルを引き抜く方向に作用する力（右刃・右ねじれ刃の場合）
送り方向分力…エンドミルが工作物送り方向に曲がるように作用する力
主分力…………半径方向切込み深さと平行に作用する力

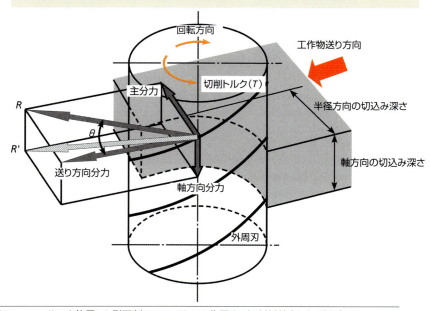

図3.1 エンドミルを使用した側面削りでエンドミルに作用する切削抵抗（上向き削り）

特に、主分力と送り方向分力の合力(図中 R)は、図3.1に示すように、エンドミルの外径方向に作用し、エンドミルを曲げる方向に働きます。そして、この合力(図中 R)がエンドミルの曲げ剛性よりも大きい場合には、切削中、エンドミルはたわみを生じることになり、たわみ量は合力(切削抵抗)に比例して大きくなります。すなわち、切削抵抗が大きくなるほど、エンドミルのたわみ量が大きくなるため、加工精度や仕上げ面粗さが悪くなります。したがって、加工精度や仕上げ面粗さを向上させるためには切削抵抗を低減させる方法を考えることが重要です。

　また、図3.1からわかるように、主分力と送り方向分力の合力(図中 R)に軸方向分力を足したものが実際に作用する切削抵抗(図中 R')になります。

　なお、本図では、工作物からエンドミルに向かって作用する切削抵抗について図示しましたが、エンドミルから工作物に向かって作用する抵抗力は矢印の向きが反対で大きさが等しい力(作用・反作用の法則)になり、この力が工作物の加工変質層や変形に影響します。エンドミル加工の上達のポイントは、エンドミルおよび工作物に作用する抵抗力を想像しながら行い、加工精度を予測することにあるといえます。

ひとくちコラム

切削抵抗とびびりの関係

　等分割刃エンドミルを使用した切削では、切削条件によって「びびり」が発生します。等分割刃エンドミルの場合には、切削形態が外周刃による断続切削になるため、同じ大きさの切削抵抗が一定の周期で発生することになります。そして、エンドミルは切削抵抗によりたわみを生じ、常に元に戻ろうとします。エンドミルのたわみが元に戻ろうとする周期性に起因して「びびり」は発生します。言い替えると、エンドミルがたわまなければ「びびり」は発生しません。すなわち、「切削抵抗＜エンドミルの曲げ剛性」という関係にある場合には「びびり」は発生せず、「切削抵抗＞エンドミルの曲げ剛性」という関係のときに「びびり」が生じやすくなります。

3-2 上向き削りと下向き削り（アップカットとダウンカット）

図3.2に、エンドミルによる上向き削りと下向き削りによる側面削りの様子と模式図を示します。図3.2（a）は、エンドミルの回転方向と工作物の送り方向（移動方向）が向き合って行う加工を示し、このような切削を「上向き削り」といいます。一方、図3.2（b）は、エンドミルの回転方向と工作物の送り方向（移動方向）が同じ方向に向かって行う加工を示し、このような切削を「下向き削り」といいます。

このように、エンドミルを使用した側面削りでは、「エンドミルの回転方向」と「工作物の送り方向」の関係によって、「上向き削り」と「下向き削り」に分類されます。

「上向き削り」と「下向き削り」は、切削特性が大きく異なるため、その切削特性を理解して、適宜使い分けることが重要です。次項では、「上向き削り」と「下向き削り」の切削特性の違いにについて解説します。なお一般に、「上向き削り」は「アップカット」、「下向き削り」は「ダウンカット」といわれます。

ひとくちコラム

溝削りは上向き削りと下向き削りが混合する

下図に示すように、溝削りでは、エンドミルの送り方向を境界線として、上向き削りと下向き削りに分かれます。つまり、溝削りでは、上向き削りと下向き削りが混合した切削形態になります。

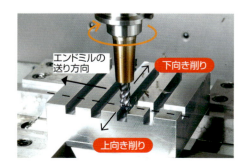

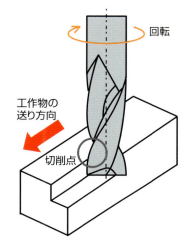

上向き削り：外周刃が仕上げ面から進入し、工作物を切り上げて切削する形態

(a) 上向き削り（アップカット）

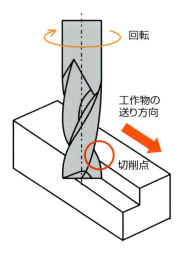

下向き削り：外周刃が工作物の表面から進入し、工作物を切り下げて切削する形態

(b) 下向き削り（ダウンカット）

図3.2 「上向き削り」と「下向き削り」

3-3 ココが違う 上向き削りと下向き削り

(1) 工具寿命の違い

　図3.3に、上向き削りと下向き削りによる側面削りを主軸側から見た模式図を示します。また、図3.4に、上向き削りと下向き削りの拡大図と1刃あたりの切取り量の展開図をそれぞれ示します。図3.3、3.4に示すように、上向き削りでは、外周刃が仕上げ面から削りはじめ、工作物の送り速度(または1刃あたりの送り量)に比例して切削量が増加します。すなわち、上向き削りでは、外周刃が工作物に食い込む量が「ゼロからはじまり最大値」に達します(切取り厚さが0→MAXになります)。このため、外周刃が工作物に食い込む瞬間では、図3.4のように、外周刃が工作物に食い込まず、逃げ面は仕上げ面に擦れる状態になります(滑りが生じます)。したがって、上向き削りでは、切削量に関わらず逃げ面摩耗の進行が早くなり、工具寿命が短くなります。また、図3.4に示すように、上向き削りでは、外周刃が切取り厚さが最大の状態で工作物から抜けるため、外周刃には引っ張りの力が大きく作用します。このため、外周刃が工作物から抜ける瞬間、チッピングや欠損が生じやすくなります。

　一方、下向き削りでは、外周刃が工作物の外面(表面)から削りはじめ、

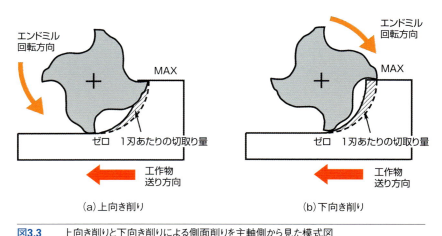

図3.3　上向き削りと下向き削りによる側面削りを主軸側から見た模式図

工作物の送り速度（または1刃あたりの送り量）に比例して切削量が減少します。すなわち、下向き削りでは、外周刃が工作物に食い込む量が最大値からはじまり、ゼロに達します（切取り厚さがMAX→0になります）。このため、下向き削りでは、外周刃が工作物に食い込む瞬間では、外周刃は確実に工作物に食い込むため、上向き削りのように外周刃の逃げ面が工作物と擦れることはなく、切削量に比例して切れ刃の摩耗が進行します（ムダな摩耗は起こりません）。

また、下向き削りでは、外周刃が工作物から抜ける瞬間の切りくずは薄くなり、上向き削りのように外周刃に作用する引っ張りの力は大きく

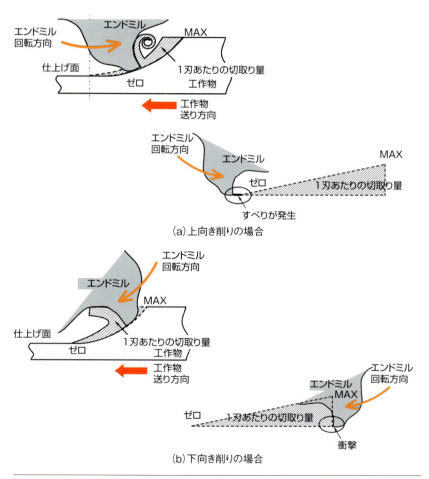

図3.4　上向き削りと下向き削りの拡大図と1刃あたりの切取り量の展開図

ならず、チッピングや欠損が生じにくくなります。したがって、図3.5に示すように、切削した距離が同じ場合、下向き削りは上向き削りよりも逃げ面摩耗幅が小さく、工具寿命が長くなります。ただし、黒皮(くろかわ)の付いた工作物や焼入れした表面が硬い工作物を下向き削りで切削すると、外周刃(切れ刃)が硬い表面と衝突するため、外周刃が工作物と接触する瞬間にチッピングや欠けが生じる場合があります。この点は注意が必要です。

以上のように、上向き削りと下向き削りでは、1刃あたりの切取り量(形状)は同じでも、その生成形態に違いがあり、工具寿命を優先する場合には下向き削りを選択します。特に、企業の加工現場では、コスト削減の観点から工具寿命を優先する場合が多く、主として、下向き削りが採用されています。

(2) 送り方向分力と主分力の割合による加工精度の違い

図3.1に示したように、エンドミル加工では、切削抵抗の「送り方向分力」と「主分力」の合力がエンドミルの外径方向に作用し、エンドミルを曲げる方向に働くため、この合力がエンドミルの曲げ剛性よりも大きい場合には、エンドミルはたわみます。ここで、上向き削りと下向き削りでは、「送り方向分力」と「主分力」の割合が異なるため、エンドミルの

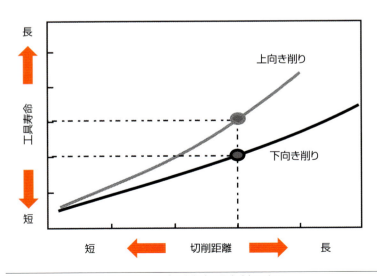

図3.5 上向き削りと下向き削りの逃げ面摩耗(工具寿命)の違い

たわむ方向が違います。

　図3.6に、上向き削りと下向き削りによる送り方向分力と主分力の割合を比較して示します。また、図3.7に、上向き削りと下向き削りによる加工精度の違いを模式的に示します。図3.6に示すように、上向き削りの場合には、「送り方向分力」が「主分力」よりも大きくなるため、図3.7のように、エンドミルはおおむね工作物の送り方向（図中X軸＋方向）にたわみます。そして、たわみ量に比例して底刃が傾くため、上向き削りでは、図中X方向から見て底面が右下がりに加工されます。

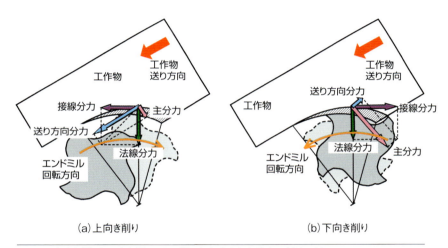

図3.6　上向き削りと下向き削りによる送り方向分力と主分力の割合の違い

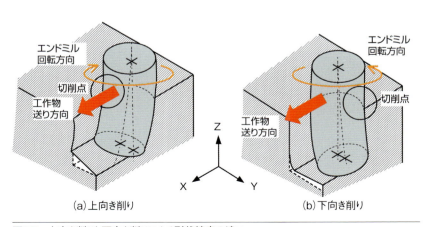

図3.7　上向き削りと下向き削りによる形状精度の違い

一方、下向き削りの場合には、「主分力」が「送り方向分力」よりも大きくなるため、エンドミルはおおむね半径方向の切込み深さ方向（図中Y軸＋方向）にたわみます。そして、たわみ量に比例して底刃も傾くため、下向き削りでは、図中X方向から見て底面が左下がりに加工されます。
　このように、上向き削りと下向き削りでは、「送り方向分力」と「主分力」の割合が異なるためエンドミルのたわむ方向が違い、これに起因して加工精度（形状精度）も異なります。

(3) 主分力による寸法精度の違い

　図3.8に、四枚刃エンドミルを使用して上向き削りと下向き削りで側面削りした場合の主分力による寸法精度の違いを模式的に示します。
　図3.8(a)に示すように、上向き削りの場合、側面削りにおける主分力は、互いに逆向きに作用する F と F' の和として作用し、主分力の方向は F と F' の大小関係によって決まります。すなわち、$F>F'$ となった場合には、主分力の方向は工作物に向かって作用し、エンドミルが工作物側に食い込み、削り過ぎ（オーバーカット）が生じることになります。一方、$F<F'$ となった場合には、主分力の方向はエンドミルに向かって作用し、エンドミルが工作物から離れ、削り不足（アンダーカット）が生じます。ここで、$F>F'$ となるのは、半径方向の切込み深さが大き

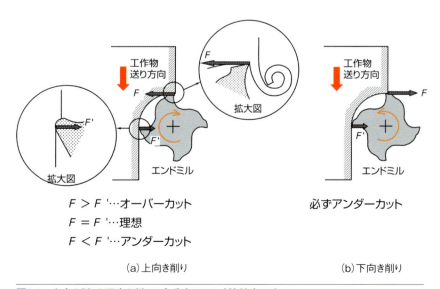

図3.8　上向き削りと下向き削りの主分力による寸法精度の違い

い場合で、一般に、半径方向の切込み深さがエンドミルの外径の1/7～1/8より大きくなると削り過ぎ(オーバーカット)になり、1/7～1/8より小さくなると削り不足(アンダーカット)になると報告する文献もあります。つまり、上向き削りにおいて削り過ぎ(オーバーカット)も削り不足(アンダーカット)も発生しない理想的な半径方向の切込み量はエンドミル外径の1/7～1/8程度が目安といえそうです。

次に、図3.8(b)に示すように、下向き削りの場合、側面削りにおける主分力は互いに同じ向きに作用するFとF'の和として作用し、主分力の方向はエンドミルに向かって作用することがわかります。すなわち、下向き削りでは、半径方向の切込み深さに関係なく、エンドミルが工作物から離れ、必ず削り不足(アンダーカット)になります。ただし、削り不足の大きさはエンドミルの外径(曲げ剛性)と切削抵抗(半径方向分力

ここがポイント！

1. 下向き削りでは、どのような切削条件でも必ず削り不足(アンダーカット)となる傾向にあるので、削り過ぎによる加工不良は起こりません。
2. 汎用のフライス盤を使用する場合には、送り方向以外をクランプ(固定)することにより、形状精度の悪化を抑制することが可能です。

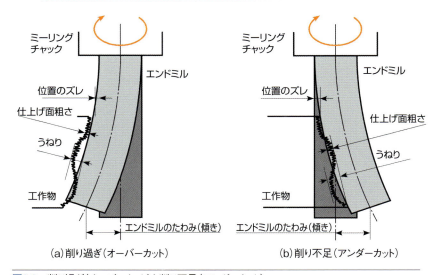

図3.9　削り過ぎ(オーバーカット)と削り不足(アンダーカット)

と送り方向分力の合力）の大小関係により決まり、エンドミルの曲げ剛性が切削抵抗に比べて十分に大きい場合には、エンドミルのたわみ量は小さくなるため削り不足は抑制されます。

図3.9に、削り過ぎ（オーバーカット）と削り不足（アンダーカット）が発生した場合のエンドミルの様子を模式的に示します。図に示すように、エンドミルがたわむことにより、削り過ぎ（オーバーカット）および削り不足（アンダーカット）が発生することがわかります。

(4)外周刃の軌跡による理論仕上げ面粗さの違い

図3.10に、上向き削りと下向き削りによる外周刃の軌跡の違いを模式的に示します。なお、図中、上向き削りと下向き削りともに1刃あたりの送り量は同じです。図3.10では、1刃あたりの送り量が同じにもかかわらず、上向き削りでは外周刃の軌跡が長くなり、下向き削りでは切れ刃の軌跡が短く示されていることが確認できます。1刃あたりの送り量が同じにもかかわらず、なぜ上向き削りと下向き削りでは外周刃の軌跡が異なるのでしょうか。

図3.11に、上向き削りにおける外周刃の軌跡を模式的に示します。エンドミル加工は、エンドミルの回転運動と工作物（またはエンドミル）の送り運動の相対運動で行う加工です。本図は、説明をわかりやすくするために、エンドミルが回転し、さらにエンドミルが図中左から右へ移動しながら切削する上向き削りの様子を示しています。工作物は固定です。図3.11に示すように、エンドミルの中心は1刃あたりの送り量に従

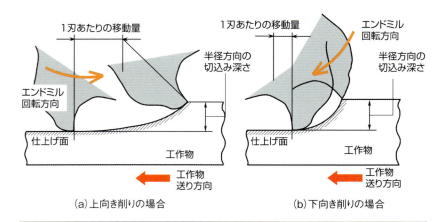

図3.10　上向き削りと下向き削りによる外周刃の軌跡の違い

い、Sから$S1$に移動します。このとき、エンドミルの外周刃に注目すると、外周刃はエンドミルの回転運動によりエンドミルの外径円周を回転しているので、外周刃はエンドミルの外径に沿ってわずかながら図中$\theta°$の円弧だけ左から右へ移動することになります。すなわち、エンドミル加工における上向き削りの外周刃の軌跡は、エンドミルの送り運動と回転運動による外周刃の移動量を足した長さになり、わずかながら長くなります。一方、下向き削りの場合には、エンドミルの運動方向と回転方向が同じ方向になるため、上向き削りと同様の理屈により外周刃の軌跡はわずかながら短くなります。

さて、エンドミル加工における側面削りの送り方向の理論的な仕上げ面粗さは第2章の86頁に示したように式(5)で計算することができます。ここで、上記のとおり、上向き削りでは、切れ刃の軌跡が長くなるのでエンドミルの外径が見かけ上大きくなったことと同じになります。一方、下向き削りでは、切れ刃の軌跡が短くなるのでエンドミルの外径が見かけ上小さくなったことと同じです。すなわち、エンドミルの外径および1刃あたりの送り量が同じ場合でも、上向き削りは下向き削りよりも理論的には仕上げ面粗さが小さくなります。多くの参考書で、上向き削りでは仕上げ面粗さが下面削りよりもよくなると記載されているのはこの

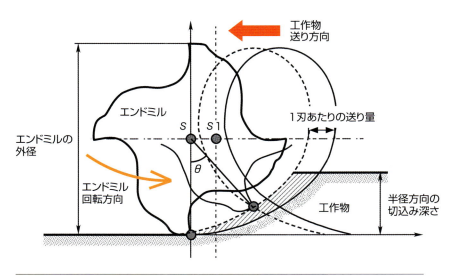

図3.11 上向き削りにおける外周刃の軌跡

ような理由によるものです。ただし、1刃あたりの送り量に対して、エンドミルの回転による外周刃の移動量はきわめて小さいので、実際に得られる仕上げ面粗さは式(5)のとおり、エンドミルの外径と1刃あたりの送り量に依存し、上向き削りと下向き削りで仕上げ面粗さが大きく異なることはありません。また、実際の切削では、振動(びびり)やエンドミルの回転振れ、削り残しなどさまざまな要因が発生するため、得られる仕上げ面粗さは、理論的に計算された仕上げ面粗さよりも大きく(悪く)なります。

　上向き削りと下向き削りによる外周刃の軌跡の違いは、エンドミル加工を行う上で大変重要な知見です。しっかりと理解するようにしてください。

(5) 工作機械に及ぼす影響の違い

　図3.12に、上向き削りと下向き削りにおける工作物に作用する送り方向分力の違いを示します。図に示すように、上向き削りでは、エンドミルから工作物に向かって作用する送り分力が工作物の送り方向と相対する一方、下向き削りでは、エンドミルから工作物に作用する送り分力が工作物の送り方向と同じ方向になります。このため、下向き削りでは、外周刃が工作物を引き込むような現象が生じ、テーブルの送りねじに過剰な力が作用して、送りねじが損傷する場合があります。

　また、これに関連して、エンドミルの切れ刃が異常損傷する場合やエンドミル自体が欠損する場合もあります。特に、外周刃の引き込みによる送りねじの損傷はバックラッシの大きいフライス盤ほど発生しやすく、大きな事故に繋がるので、バックラッシの大きい工作機械(フライス盤)を使用する場合には、下向き削りで切削するのは大変危険です。バックラッシの大きい工作機械(フライス盤)を使用する場合には、必ず上向き削りで切削を行います。なお、バックラッシとは、2つのかみ合う歯車間の「隙間」のことで、歯車の隙間が大きいほど引き込みによる移動量が大きくなります。

　ただし、最近の工作機械(フライス盤)は、バックラッシ除去装置が付属しているものが多く、さらに数値制御工作機械(マシニングセンタ)機ではバックラッシの少ないボールねじを採用しているので、従来ほど引き込み現象によるトラブルを心配する必要はありません。

　なお、上向き削りでは、エンドミルから工作物に作用する送り分力が

工作物の送り方向と相対するので、下向き削りのような引込み現象は発生しません。

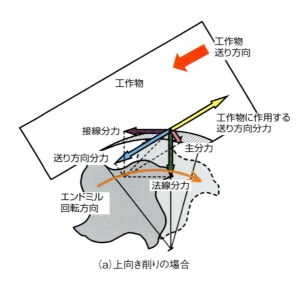

(a) 上向き削りの場合

(b) 下向き削りの場合

図3.12 上向き削りと下向き削りにおける工作物に作用する送り方向分力の違い

3-4 エンドミルの送り方向と工作物の位置

図3.13に、エンドミルの送り方向と工作物の位置関係による上向き削りと下向き削りを模式的に示します。図に示すように、エンドミルが正回転（主軸から見て右回転）の場合、エンドミルの送り方向と工作物の位置関係によって上向き削りと下向き削りに区別できます。すなわち、図3.13(a)のように、エンドミルの送り方向に対し工作物が左側に位置する場合（工作物に対してエンドミルが右側通行の場合）には常に上向き削りになり、一方、図3.13(b)のように、エンドミルの送り方向に対し工作物が右側に位置する場合（工作物に対してエンドミルが左側通行の場合）には常に下向き削りになります。実作業において上向き削りと下向き削りに迷った場合には、図のような関係で把握するとわかりやすいでしょう。

さらに、図3.14に示すように、三次元的な立体形状を切削する場合には、エンドミルの送り方向を一方向にして切削すると、上向き削りと下向き削りが混合することになります。このような場合、図3.15(a)、(b)に示すように、領域を分割して切削する方法や等高線で切削する方法により常に下向き削りで切削することができます。

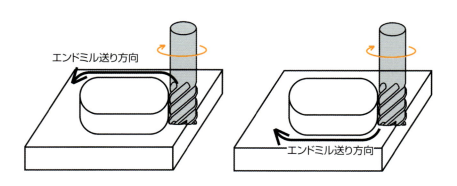

(a) 上向き削り　　　　　　　　(b) 下向き削り

図3.13　エンドミルの送り方向と工作物の位置関係による上向き削りと下向き削り

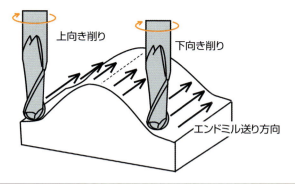

図3.14 ボールエンドミルを使用した三次元形状の切削

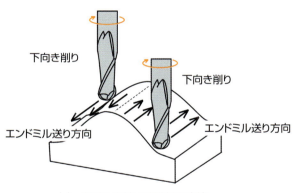

（a）領域を分割して切削する方法

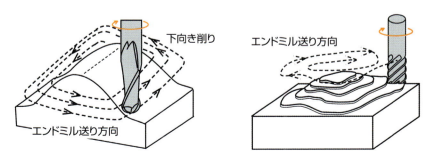

（b）等高線で切削する方法

図3.15 領域を分割した切削法と等高線で切削する方法

3-5 半径方向の切込み深さと上向き削りと下向き削りの関係

図3.16に、半径方向の切込み深さと上向き削りと下向き削りの関係を示します。図に示すように、半径方向の切込み深さがエンドミルの半径よりも大きくなると、上向き削りと下向き削りが混合した切削形態となり、エンドミルの中心を境界として、上向き削りと下向き削りに分けることができます。

図3.17に、溝削りの模式図を示します。図に示すように、溝削りでは、半径方向の切込み深さがエンドミルの外径と等しくなり、エンドミル加工における半径方向の切込み深さが最大になります。このように、溝削りでは外周刃と工作物の接触面積が大きく、外周刃が拘束された切削環境で切りくずの排出が難しいため、切削速度、送り速度、軸方向の切込み深さを大きくするなど加工能率を向上するのはきわめて困難です。

122頁の図3.18に、四枚刃と二枚刃のエンドミルを使用した溝削りの

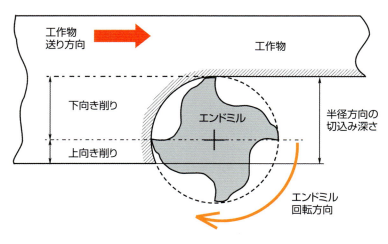

図3.16　半径方向の切込み深さと上向き削りと下向き削りの関係

模式図を示します。図3.18(a)に示すように、四枚刃のエンドミルでは、エンドミルが上向き削り側にたわみ、立体図のように溝が倒れることがあります。これは、四枚の切れ刃のうちA点では切削を行っているため主分力が発生する一方、A点に対向するB点では切削を行っていないため主分力（切削抵抗）が発生せず、C点で切削が行われる（外周刃が工作物に食い込む）ことに起因します。

この反面、図3.18(b)に示すように、二枚刃のエンドミルでは、四枚刃と同様に、A点では切削を行っているため主分力が発生し、エンドミルが上向き削り側に振られますが、C点には外周刃がないので、四枚刃のエンドミルのように溝が倒れることはありません。このように、溝加工を行う場合には、二枚刃エンドミルを用いることにより溝の倒れ（削り過ぎ）を抑制することができます。ただし、二枚刃のエンドミルでも、ねじれ角が大きい場合には、1枚の外周刃で切削点に時間差が生じるため、四枚刃エンドミルに似た削り過ぎが発生することがあります。したがって、キー溝など精度の高い溝削りを行う場合には、低ねじれ角の二枚刃エンドミルを使用するとよいでしょう。

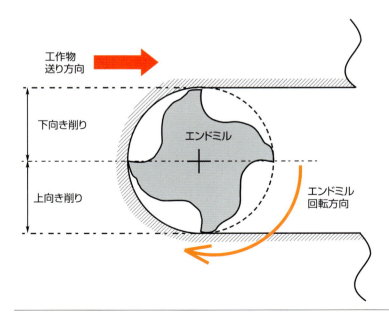

図3.17 溝削りの模式図

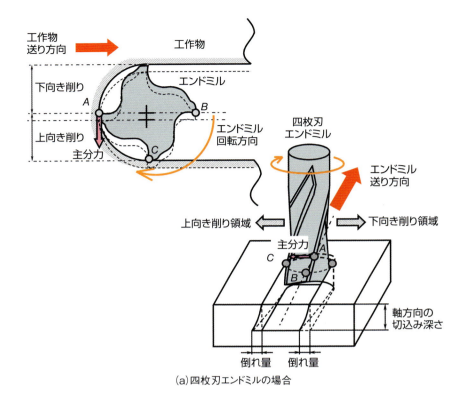

図3.18　四枚刃と二枚刃のエンドミルを使用した溝削りの模式図

3.6 エンゲージ角とディスエンゲージ角

図3.19に、エンドミルの底刃を使用した正面削りの模式図を示します。図に示すように、エンドミルの底刃を使用した正面削りでは、エンドミルと工作物の位置関係やエンドミルの外径と工作物の大きさによって、「底刃が工作物に進入する角度」と「底刃が工作物から抜ける角度」が変わります。工作物の送り方向を基準(0°)として、底刃が工作物に侵入する角度を「エンゲージ角」、底刃が工作物から抜ける角度を「ディスエンゲージ角」といいます。なお、エンゲージ角はJIS B 0172で定義された用

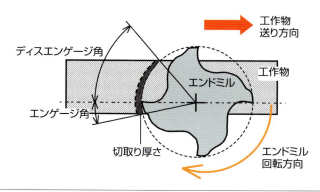

図3.19　エンドミルの底刃を使用した正面削りの模式図

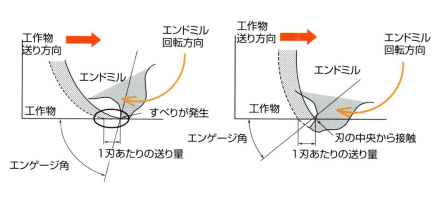

(a) エンゲージ角が大きい場合　　(b) エンゲージ角が小さい場合

図3.20　エンゲージ角の違いによる切取り形状の違い

語ですが、ディスエンゲージ角はJISで定義された用語ではなく、現場用語です。

　図3.20に、エンゲージ角の違いによる1刃あたりの切取り形状の違いを示します。図(a)に示すように、エンゲージ角が大きい場合は、底刃が工作物に進入する瞬間では、切取り形状が極端に薄くなるため、底刃が工作物に食い込まず、滑るような状態（上滑り）になります。上滑りが発生すると、過大な圧力と切削熱が切れ刃に作用するため、チッピング（欠け）が生じやすく、工具寿命が極端に短くなります。一方、図(b)に示すように、エンゲージ角が比較的小さい場合は、底刃の中央部から工作物に進入するため、上記のようなすべりは発生しません。このため、エンゲージ角が小さい場合には、工具寿命が極端に短くなることはありません。

　図3.21および図3.22に、ディスエンゲージ角が0°になる場合とマイナスになる場合を模式的に示します。図3.21に示すように、ディスエンゲージ角が0°になる場合には、切取り厚さ（図中黒色部分）が最大になる瞬間に底刃が工作物から抜けることになるため、切れ刃に大きな引っ張りの力が作用し、チッピング（欠け）が発生しやすくなります。また、図3.22に示すように、ディスエンゲージ角がマイナスになる場合には、切取り厚さ（図中黒色部分）が大きくなる傾向にあるときに底刃が工作物から抜けるため、バリが発生しやすく、工作物の隅部では欠損が生じることもあります。

　以上のように、エンドミルの底刃を使用した正面削りでは、エンゲージ角が過度に大きくならないように、そして、ディスエンゲージ角は小さくならないように（切取り厚さが減少傾向にあるときに底刃が工作物から抜けるよう）に、エンドミルと工作物の位置関係および工作物の大きさに適合したエンドミルの外径を選定することが大切です。

　なお参考として、図3.23に、エンドミルの底刃を使用した正面削りで、常に下向き削りになるようなエンドミルと工作物の位置関係を模式的に示します。

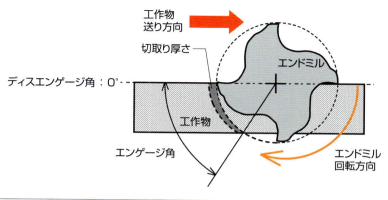

図3.21 ディスエンゲージ角が0°になる場合

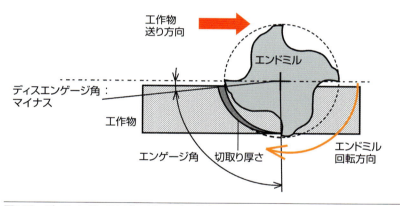

図3.22 ディスエンゲージ角がマイナスになる場合

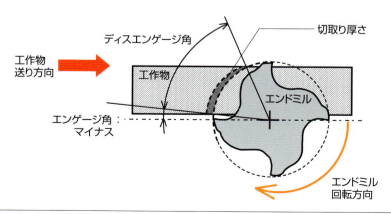

図3.23 常に下向き削りになるようなエンドミルと工作物の位置関係

3-7 エンドミルのたわみ量

　図3.24に、各種エンドミルの突き出し長さLとたわみ量δの関係を模式的に示します。図に示すように、エンドミルはミーリングチャックでシャンク(コレット)を保持する片持ち支持であるため、突き出し長さL(保持部からの長さ)が長くなるほどたわみやすくなります。切削時にエンドミルがたわむと寸法精度や仕上げ面粗さが悪化することに加え、びびりが発生しやすく、工具寿命も短くなります(図3.25参照)。したがって、エンドミルのたわみはできる限り抑制しなければいけません。一方、エンドミルの外径を大きくして太くすることにより曲げ剛性が高くなるので、エンドミルはたわみにくくなります。

　ここで、図3.24に示すように、切削抵抗Fがエンドミルの刃先のみに一方向から作用すると仮定すると、エンドミルのたわみ量は式(1)で求めることができます。実際の切削では、エンドミルの刃先のみに切削抵

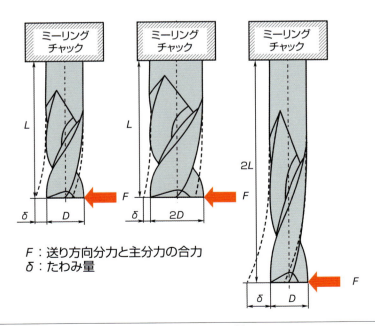

図3.24 各種エンドミルの突き出し長さLとたわみ量δの関係

抗が作用することはありませんが、このようなモデルを考えることにより、エンドミルの突き出し長さとたわみ量の関係を把握することは大変重要です。

$$\delta = \frac{64 \times F \times L^3}{3 \times \pi \times D^4 \times E} \quad \cdots\cdots (1)$$

- δ ： エンドミルのたわみ量（mm）
- F ： 切削抵抗（N）
- L ： 突き出し長さ（mm）
- E ： ヤング率（MPa または N/mm²）
- D ： エンドミルの外径（mm）

　エンドミルのたわみ量δは、式（1）からわかるように、突き出し長さLの3乗に比例し、外径の4乗に反比例することがわかります。たとえば、突き出し長さLを1/2に短くすれば、たわみ量δは1/8になります。また、外径Dを2倍にすれば、たわみ量δは1/16に激減します。つまり、エ

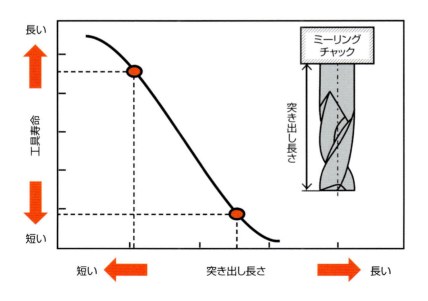

図3.25　突き出し長さと工具寿命の関係

ンドミルの突き出し長さLは、実作業で不都合がない範囲で短くし、外径は太くすることが重要といえます。エンドミルは、「太く（外径を大きく）、短く（突き出し長さを短く）」が原則です。

　加えて、式（1）からわかるように、エンドミルのたわみ量δは、ヤング率（縦弾性係数）にも反比例します。ヤング率（縦弾性係数）とは、材料固有の値で、変形のしにくさを示す指標です。つまり、ヤング率（縦弾性係数）の値が大きい材質ほど変形しにくく、値が小さい材質ほど変形しやすいといえます。すなわち、ヤング率（縦弾性係数）の大きい材質のエンドミルを用いることにより、エンドミルのたわみ量δを抑制することができます。具体的には、高速度工具鋼（ハイス）のヤング率はおおむね210Gpaに対し、超硬合金のヤング率は約620Gpaで、高速度工具鋼の約3倍です。つまり、エンドミルの材質を高速度工具鋼から超硬合金に代えることで、エンドミルのたわみ量δは1/3になります（図3.26参照）。このことから、小径のエンドミルや突き出し長さLが長くなるような切削環境では、エンドミルのたわみを抑制する対策として、超硬合金製のエンドミルを使用することが有効といえます。なお、エンドミルのたわみ量δは、荒切削で0.01mm以内、仕上げ切削で0.005mm以内、精密仕上げ切削0.002mm以内が目安といわれています。

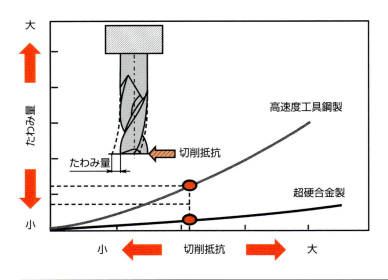

図3.26　高速度工具鋼製と超硬合金製エンドミルのたわみ量の違い

3-8 エンドミルの回転振れと仕上げ面粗さの関係

図3.27に、エンドミルの回転振れの要因を示します。図に示すように、一般にエンドミルは、フライス盤（マシニングセンタ）の主軸に、クイックチェンジアダプタ、ミーリングチャック、コレットを介して取り付けます。このため、エンドミルが回転する際に生じる振れは、理論上、「主軸自体の振れ」に「クイックチェンジアダプタ、ミーリングチャック、コレットの取り付け精度に起因する振れ」を加算した値になります。すなわち、エンドミルの回転精度は、クイックチェンジアダプタ、ミーリングチャック、コレットの取付け精度に左右されます。

図3.28に、エンドミルに回転振れがない場合と回転振れがある場合の外周刃で得られる仕上げ面粗さを模式的に示します。図に示すように、エンドミルに回転振れがない場合には、外周刃によって得られる仕上げ

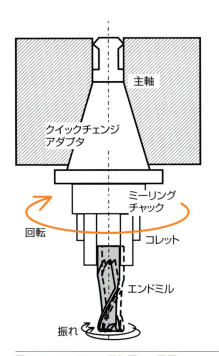

図3.27　エンドミルの回転振れの要因

ここがポイント！

一般に、旋盤加工では、実際に得られる仕上げ面粗さは理論粗さの約1.5倍といわれています。一方、エンドミル加工では、実際に得られる仕上げ面粗さは理論粗さの10倍以上なので、エンドミルの回転振れが加工精度に及ぼす影響が大きいことがわかります。

面粗さは1刃あたりの送り量にともなう規則正しい模様になることがわかります。

この一方で、エンドミルに回転振れがある場合には、最も回転振れが大きい箇所の外周刃が工作物を大きく削るため、見かけ上、1刃の外周刃で切削したような仕上げ面になり、仕上げ面粗さは極端に悪くなります。エンドミル加工の場合、実際に得られる仕上げ面粗さは、第2章86頁の式(5)で示した理論粗さの10倍以上といわれています。したがって、

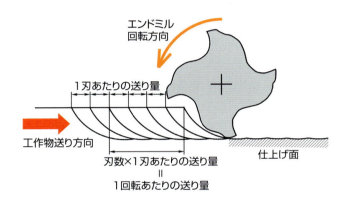

(a) 回転振れがない場合

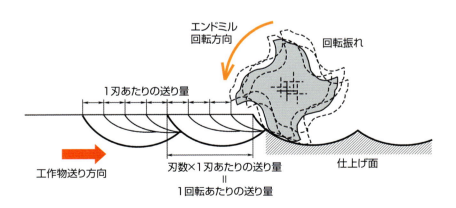

(b) 回転振れがある場合

図3.28 回転振れがない場合とある場合の仕上げ面粗さの違い

エンドミルは単純に取り付けたというのでは駄目で、コレットを介してミーリングチャックに取り付けた後、ダイヤルゲージなどを用いてエンドミルの回転振れを確認し、回転振れができるだけゼロになるよう調整することが大切です。

また、図3.29に示すように、回転振れが大きい場合には不規則な断続切削になるため、切れ刃がチッピングを生じやすく工具寿命が短くなります。

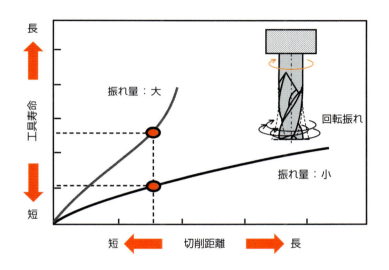

図3.29　回転振れと工具寿命の関係

ひとくちコラム

コレットは消耗品？！

数年使用したコレットはエンドミルを挿入する開口部が開き、拘束精度が悪くなります。したがって、老朽化の激しいコレットは交換が必要です。

3-9 加工精度に影響する3つの要因（エンドミルの外径の許容差）

　図3.30に、エンドミル加工の加工精度に影響する3つの要因を示します。図に示すように、③-⑦、③-⑧で示した「たわみ」や「回転振れ」に加え、エンドミルの「外径のばらつき」が加工精度に影響する主な要因です。

　ストレートシャンクエンドミルの形状は、JIS B 4211に規定されており、エンドミルの外径の許容差は、JIS B 0401で規定される「はめあい公差」を適用しており、二枚刃ではh10、多刃ではjs14が採用されています。たとえば、外径16mmで二枚刃エンドミルの外径の許容差は、0～－0.070mm、多刃エンドミルの外径の許容差は±0.215となっています。

　このように、市販されている二枚刃エンドミルでは、実際の外径（外周刃の直径）が呼び外径よりもいくぶん小さく（図3.31参照）、多刃エンドミルでは、呼び外径よりも外径（外周刃の直径）が実際のいくぶん大きい場合や小さい場合があるということになります。したがって、特に、輪郭削りや溝加工、穴加工を行う場合には、エンドミルの外径の許容差に注意する必要があります。

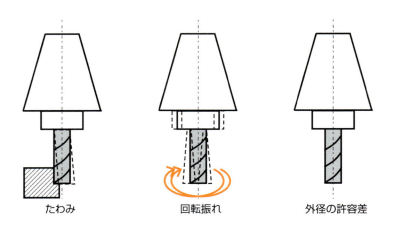

図3.30　エンドミル加工の加工精度に影響する3つの要因

図3.31 エンドミルの外径の許容差

ひとくちコラム

ボデーを交換できるエンドミル

　下図に、エンドミルのボデー（刃部）を交換できるエンドミルを示します。近年では、図に示すように、ボデー（刃部）をねじにより交換できるエンドミルも多く流通しています。

3-10 「ピックフィード」と「カスプハイト」とは？

図3.32にボールエンドミルを使用した正面削りの様子を模式的に示します。図に示すように、ボールエンドミルを使用した正面削りでは、ボールエンドミルの底刃を転写した仕上げ面性状になり、この仕上げ面性状を支配するボールエンドミルの送り方向に直角な移動量を「ピックフィード」といいます。さらに、「ピックフィード」に起因して発生するボールエンドミルの底刃の干渉高さを「カスプハイト」といいます。

図3.33に、ボールエンドミルを使用した正面削りで得られる仕上げ面性状を模式的に示します。図からわかるように、ボールエンドミルを使用した正面削りでは、ピックフィードとエンドミル1回転あたりの送り量によって形成される模様が仕上げ面性状になります。そして、図3.34に示すように、ピックフィードとボールエンドミル1回転あたりの送り量を同じ大きさにすることにより、等間隔な模様を形成した仕上げ面性状を得ることができます。

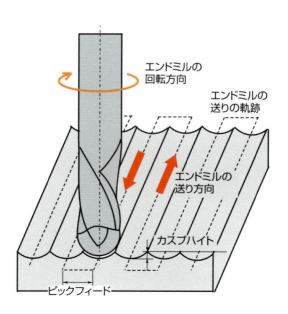

図3.32　ボールエンドミルを使用した正面削りの模式図

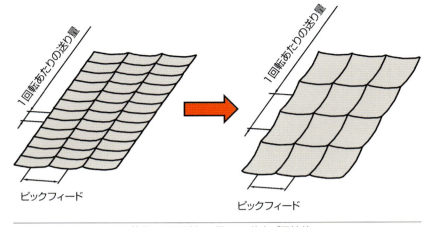

図3.33 ボールエンドミルを使用した正面削りで得られる仕上げ面性状

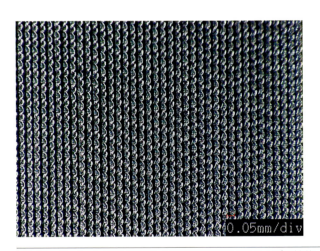

図3.34 ボールエンドミルを使用した正面削りで得られる仕上げ面性状

ひとくちコラム

ボールエンドミルを傾けて削る!

　ボールエンドミルの底刃を使用した正面削りでは、ボールエンドミルの先端は切削速度がゼロであり、切りくずの排出性も高くないため、きれいな半球溝をつくることはできません。しかし、ボールエンドミルを傾けて削れば、底刃の外周で切削できるため、きれいな半球溝をつくることができます。アイデア次第ですね!

参考文献

- 「絵とき『フライス加工』基礎のきそ」澤武一著、日刊工業新聞社
- 「目で見てわかるフライス盤作業」澤武一著、日刊工業新聞社
- 「目で見てわかる機械現場のべからず集─フライス盤作業編」澤武一著、日刊工業新聞社
- 「絵とき『穴あけ加工』基礎のきそ」海野邦昭著、日刊工業新聞社
- 「絵とき『切削加工』基礎のきそ」海野邦昭著、日刊工業新聞社
- 「テクニカルデータ-エンドミル加工」オーエスジー株式会社
- 「技術情報、商品カタログ」日立ツール株式会社
- 「フライス加工ハンドブック」切削油技術研究会
- 「ものづくりQ&A」株式会社ミスミ：http://tool.misumi.jp/index.html
- 「技術情報、商品カタログ」ユニオンツール株式会社

索引

あ

アタリ付き	59
圧縮エアー	92
アップカット	106
荒加工	21
荒削りエンドミル	26
アルミ合金	47
アンダーカット	112
上向き削り	106
うねり	45
運動エネルギー	78
運動の第二法則	77
運動方程式	77
エンゲージ角	123
エンド フェイス	10
エンドミル	8
オーバーカット	112
送り速度	70
送り方向分力	104
親刃	40

か

カッターマーク	25
外径	11
外周すくい角	14、65、79
外周逃げ面	12
外周刃	12
外周刃の軌跡	114
回転数	72
回転振れ	129
加工精度	110
カスプハイト	134
加速度	77
硬さ(耐摩耗性)	66
片持ち支持	60
過電流	96
干渉高さ	85
奇数刃	24
ギャッシュ	12
ギャッシュランド付き	59
強ねじれ刃エンドミル	42
許容差	132
許容動力	96
切りくず厚さ	79、86
切りくずの排出性	21
切込み深さ	72、88
切取り厚さ	86、89
クイックチェンジアダプタ	129
偶数刃	24
空転時間	91
クランクタイプ	15
形状精度	112
削り過ぎ	112
削り不足	112
合金工具鋼	62
工具寿命	86
高速切削	99
勾配加工	27
コーティング	62、66
コーナRカッタ	10
コーナ半径	34
コーナ部	58
コスト	94
子刃	40
コレット	126、131

さ

最大切取り厚さ	89
最大接触長さ	101
最大高さ	85
差し込みタイプ	16
仕上げ加工	21
軸方向の切込み深さ	72、88
軸方向分力	104
下向き削り	106
弱ねじれ刃エンドミル	42
シャンク	11
シャンク径	11

シャンクの長さ	11
重切削	47
主分力	104
ショート	60
所要動力	95、96
すくい面	12
スクエアエンドミル	32
ステンレス鋼	44
ストレート刃エンドミル	26
スロッチングエンドミル	42
寸法精度	112
切削温度	77、98
切削痕	81
切削時間	91
切削条件	72
切削速度	73
切削体積	94
切削断面図	94
切削動力	95
切削トルク	104
切削能力	66
切削油剤	92
切削力	77
センタ穴付き刃	38
センタカット刃	38
相対運動	114
底刃	12
底刃ギャッシュ角	13
塑性変形	78

た

第1外周逃げ角	14
第1底刃逃げ角	13
第2外周逃げ角	14
第2底刃逃げ角	13
耐凝着性	66
耐熱合金	44
ダイヤモンド	68
ダイヤルゲージ	131

ダウンカット	106
たわみ量	126
断続切削	47
炭素工具鋼	62
短底刃	40
断面積	19
窒化チタンアルミニウム	67
窒化チタンカーバイト	67
チップブレーカ	29
チップポケット	12、20
中仕上げエンドミル	26
超硬合金	62
長底刃	40
直刃	42
突き出し長さ	60
低切込み・高速送り	99
ディスエンゲージ角	123
低摩擦性	66
テーパ刃エンドミル	26
銅合金	47
等高線	118
等底刃	40
動力	95
特殊な外周刃	68

な

倣い削り	36
ニック付きエンドミル	26
ネガティブ	65
ねじれ角	13、42、79
熱エネルギー	78

は

刷毛	92
刃数	18
破損	80
刃長	11、60
バックラッシ	116
ばらつき	132

バリ	52,124
半径方向の切込み深さ	72、88
比重	62
比切削抵抗	95
左側通行	118
左ねじれ刃	50
左刃	48
ピックフィード	37,124
びびり	25
ファインピッチ	28
不等底刃	40
不等分割	57
不等分割エンドミル	54
不等リード	57
不等リードエンドミル	56
ブランク	14
ボールエンドミル	32
ボールねじ	116
ボール半径	33
ポジティブ	65

ま

曲げ剛性	19、113、126
摩擦	78
丸コーナ	34
ミーリングチャック	45、126
ミーリングマシン	10
右側通行	118
右ねじれ刃	50
右刃	48
ミスト	87
むくタイプ	15
面取り刃	37
面取りフライス	10

や・ら

ヤング率	128
溶接タイプ	16
呼び外径	132

ラジアスエンドミル	32
ラジアルレーキ	65
ラフィングエンドミル	28
ランド幅	12
リブ加工	27
両センタ	40
両端支持	40
レギュラー	60
ろう付けタイプ	15
ロング	60

●著者略歴

澤　武一（さわ たけかず）

芝浦工業大学 工学部 機械工学科
臨床機械加工研究室 教授
博士（工学）、ものづくりマイスター（DX）、
1級技能士（機械加工職種、機械保全職種）

2014年7月 厚生労働省ものづくりマイスター認定
2020年4月 芝浦工業大学　教授
専門分野：固定砥粒加工、臨床機械加工学、
　　　　　機械造形工学

著書
・今日からモノ知りシリーズ　トコトンやさしいNC旋盤の本
・今日からモノ知りシリーズ　トコトンやさしいマシニングセンタの本
・今日からモノ知りシリーズ　トコトンやさしい旋盤の本
・今日からモノ知りシリーズ　トコトンやさしい工作機械の本　第2版（共著）
・今日からモノ知りシリーズ　トコトンやさしい切削工具の本　第2版
・わかる！使える！機械加工入門
・わかる！使える！作業工具・取付具入門
・わかる！使える！マシニングセンタ入門
・目で見てわかる「使いこなす測定工具」―正しい使い方と点検・校正作業―
・目で見てわかるドリルの選び方・使い方
・目で見てわかるスローアウェイチップの選び方・使い方
・目で見てわかるエンドミルの選び方・使い方
・目で見てわかるミニ旋盤の使い方
・目で見てわかる研削盤作業
・目で見てわかるフライス盤作業
・目で見てわかる旋盤作業
・目で見てわかる機械現場のべからず集―研削盤作業編―
・目で見てわかる機械現場のべからず集 ―フライス盤作業編―
・目で見てわかる機械現場のべからず集―旋盤作業編―
・絵とき「旋盤加工」基礎のきそ
・絵とき「フライス加工」基礎のきそ
・絵とき　続・「旋盤加工」基礎のきそ
・基礎をしっかりマスター「ココからはじめる旋盤加工」
・目で見て合格　技能検定実技試験「普通旋盤作業2級」手順と解説
・目で見て合格　技能検定実技試験「普通旋盤作業3級」手順と解説

……いずれも日刊工業新聞社発行

NDC 532

カラー版　目で見てわかる
エンドミルの選び方・使い方

定価はカバーに表示してあります。

2024年9月26日　初版1刷発行

ⓒ著者	澤 武一	
発行者	井水 治博	
発行所	日刊工業新聞社	〒103-8548 東京都中央区日本橋小網町14番1号
	書籍編集部	電話 03-5644-7490
	販売・管理部	電話 03-5644-7403　FAX 03-5644-7400
	URL	https://pub.nikkan.co.jp/
	e-mail	info_shuppan@nikkan.tech
	振替口座	00190-2-186076

本文デザイン・DTP　志岐デザイン事務所（大山陽子）
印刷・製本　　　　新日本印刷㈱

2024 Printed in Japan　落丁・乱丁本はお取り替えいたします。
ISBN 978-4-526-08346-4　C3053
本書の無断複写は、著作権法上の例外を除き、禁じられています。